地热能源工程开发与利用研究

赵斌　孙超　刘君　著

北京工业大学出版社

图书在版编目（CIP）数据

地热能源工程开发与利用研究 / 赵斌，孙超，刘君著. — 北京：北京工业大学出版社，2022.12

ISBN 978-7-5639-8540-1

Ⅰ. ①地… Ⅱ. ①赵… ②孙… ③刘… Ⅲ. ①地热能—资源开发—研究②地热能—资源利用—研究 Ⅳ. ① P314

中国版本图书馆 CIP 数据核字（2022）第 248726 号

地热能源工程开发与利用研究

DIRE NENGYUAN GONGCHENG KAIFA YU LIYONG YANJIU

著　　者：赵　斌　孙　超　刘　君

责任编辑：乔爱肖

封面设计：知更壹点

出版发行：北京工业大学出版社

（北京市朝阳区平乐园 100 号　邮编：100124）

010-67391722（传真）　bgdcbs@sina.com

经销单位：全国各地新华书店

承印单位：唐山市铭诚印刷有限公司

开　　本：710 毫米 ×1000 毫米　1/16

印　　张：12.25

字　　数：245 千字

版　　次：2023 年 4 月第 1 版

印　　次：2023 年 4 月第 1 次印刷

标准书号：ISBN 978-7-5639-8540-1

定　　价：72.00 元

作者简介

赵斌，地质勘查类（水文地质、工程地质与环境地质）高级工程师，现任职于山东省鲁南地质工程勘察院（山东省地质矿产勘查开发局第二地质大队），担任鲁地置业公司总经理、总工程师，地质灾害治理工程处主任。

孙超，地质勘查类（水文地质、工程地质与环境地质）工程师，现任职于山东省鲁南地质工程勘察院（山东省地质矿产勘查开发局第二地质大队），担任鲁地置业公司工程部主任。

刘君，地质勘查类（水文地质、工程地质与环境地质）助理工程师，现任职于山东省鲁南地质工程勘察院（山东省地质矿产勘查开发局第二地质大队），担任鲁地置业公司工程部工程师。

前　言

随着经济的快速发展，各国对能源的需求也越来越多，而地热作为一种低廉、可再生的能源，在生活中的应用非常广泛，如今在农业、工业等领域中到处可见地热的踪影。随着当前全球能源的紧缺，各国都加大了对地热能源工程的开发利用，由此也引发了不少的环境问题，对世界环境造成了很大污染。而针对这些问题，相关部门应该积极探索，更安全、更清洁地去开发利用地热能源。

全书共六章。第一章为绪论，主要阐述了地热的来源、地热系统的分类、地热能源的分类、地热能源开发利用战略的提出、地热能源开发利用的战略意义等内容；第二章为地热能源工程开发利用现状，主要阐述了世界地热能源工程开发利用现状和我国地热能源工程开发利用现状等内容；第三章为地热能源工程开发利用的关键技术，主要阐述了地热勘探开发技术、地热供暖技术、地热发电技术、地热制冷技术、地热回灌技术、地热储层传热技术、地热能源综合利用技术、地热利用防腐除垢技术等内容；第四章为地热能源工程开发利用的环境问题，主要阐述了地热能源工程开发利用中的环境问题和地热能源工程开发利用环境影响评价等内容；第五章为地热能源工程开发利用的国际案例，主要阐述了瑞士地热能源工程开发利用案例、冰岛地热能源工程开发利用案例、美国地热能源工程开发利用案例等内容；第六章为地热能源工程开发利用的未来发展方向与策略，主要阐述了地热能源工程开发利用的未来发展方向和地热能源工程开发利用的策略等内容。

在撰写本书的过程中，作者借鉴了国内外很多相关的研究成果以及著作、期刊、论文等，在此对相关学者、专家表示诚挚的感谢。

由于作者水平有限，书中有一些内容还有待进一步深入研究和论证，在此恳切地希望各位读者朋友予以斧正。

目　录

第一章　绪　论

本章分为地热的来源、地热系统的分类、地热能源的分类、地热能源开发利用战略的提出、地热能源开发利用的战略意义五部分。

第一节　地热的来源

一、地热概述

地热是储存在地球内部的一种能源资源，它分布广，清洁且可再生。地热资源的开发具有高效循环、持续供给、可重复利用的优点。因此，地热这种储量巨大、便于利用的能源在未来清洁能源的发展方面具有较大潜力，为改善能源结构、调整能源转型提供了新方向。

地热通常存在于构造板块边缘，随着地球内部熔岩和放射性物质衰变而逐渐形成。地热资源通常按照垂直方向被分为深层地热资源（大于 3000 m）、中层地热资源（200 ～ 3000 m）、浅层地热资源（小于 200 m）；根据热处理介质的不同，地热资源可分为高温（大于 150 ℃）、中温（90 ～ 150 ℃）和低温（大于 90 ℃）。全球地热资源的应用形式主要分为发电和直接利用，我国对于地热资源的利用形式涵盖了浅层地热供暖制冷、中深层供暖、温泉理疗等方面。地热资源合理开发利用以减少化石燃料的使用，是当今世界各国面对能源短缺、环境污染严重等情况共同采取的措施之一。

地热是来自地球深处的可再生热能，是赋存于地球内部岩土体、流体和岩浆体中，可供人类开发和利用的能量。因此，地热能源工程开发利用的重点工作：一是将勘探评价数据纳入国家数据管理平台，根据国内地热开发利用现状，摸清地质条件、储热特征、地热资源储量、开采量等经济条件，为合理开发和评价提供依据。二是对京津冀地区和河南及南部周边地区实施相对集中的未来规划，统一水热、地热供暖发展标准，积极推动青藏高原及周边东部地区相对集中发展。

三是大力推广浅层地热利用。四是建立健全地热发电扶持制度和政策体系。在中国西藏、川西等地高温地热资源地区建设地热电力发电项目；在华北、江苏、福建、广东等地建设一批中低温地热发电项目。五是加强重要技术的研发工作。六是信息监测统计系统的建设。六是以地热资源为基础，进一步规范开发利用标准，提升开发利用水平，延伸产业链，完善地热工业体系。

地热资源的形成与地球内部结构密不可分，同时也受大地构造运动的控制。地球内部放射性物质的蜕变所产生的热量，是地球内部温度升高的主要热源。地球内部的热能，通过一定的方式到达地球浅部，或储存在地表以下，或通过一定的通道向地球外部散热，在地表形成各种热异常。

深矿井温度增高、温泉及火山喷出炽热的岩浆等现象告诉我们，地球内部是热的，其温度远高于地表温度。温度在地球内部的分布状况称为地温场。地球各个圈层的地温梯度并不一致，随着深度增加，地温梯度逐渐降低。地温梯度显著高于正常值或背景值的地区，称为地热异常区。在地热异常区，人们不仅可以根据地热异常特征来寻找地热田，还可以通过地热异常特征来研究地质构造特征及矿产资源分布特征。

地热资源主要分布在美国、日本、印度尼西亚等环太地区，我国的西藏地区也属于地壳运动较为激烈的地区，地热资源储量非常丰富。在人类文明早期，就有使用地热温泉沐浴、医疗，地热取暖、水产养殖等原始的地热资源利用方式，但是直到 20 世纪中叶，人类才开始规模化利用地热资源。

在全球范围内，地热资源的储量规模巨大，根据全球知名产业咨询机构地球政策研究所（Earth Policy Institute）在 2017 年的预测数据，仅在地表 5 km 范围内储藏的地热资源储量就是目前已探明的油气资源的 5 万倍，这也充分说明了地热能源工程的开发前景十分广阔。

二、地热赋存机理

地球内部蕴藏的巨大热能，通过传导、对流、辐射等形式由地球内部向浅层和地表传输，表现为火山、温泉、岩浆活动、构造运动等形式，既推动了地球本身的形成、发展和演化，也为人类生存和发展提供了必要的物质基础。自深而浅，地球岩石圈结构、岩石热物性和传导－对流方式、浅层封盖条件和热导率都影响着地热系统的完整性。

从深层次的地球动力学和构造－热演化过程来看，高温地热异常（如大地热流值、温泉温度、地热井地温梯度等）一般都与深部热结构密切相关。例如，新修正的渤海湾盆地高温地热异常区与“热壳”结构、居里面（地球内部埋深约20 km的一个等温面）起伏形态具有相关性，改变了以往“冷壳热幔”的认识；渭河盆地深部具有隆起的地幔异常，控制了高热异常的分布；青藏高原岩石圈塑性流变条件控制了地热异常分布；渤海湾盆地鲁西北平原地热异常受壳源热及其传导作用控制。

构造作用是影响地球深部内热向地表传输和热能再分配的关键因素之一。一般地，岩石圈尺度的热扰动和热松弛效应具有长期性和相对稳定性，如渤海湾盆地自三叠纪以来的岩石圈减薄效应仍然在影响区域性地热状态；而川东地区二叠纪峨眉山玄武岩已不再影响区域性热状态；挽近构造对地热异常的分布规律具有重要的控制和影响作用；在传导作用下，古潜山和古隆起等局部构造对热能分配有聚集作用。在成热成储过程中，除了深部热源与构造作用影响，岩石本身的热物性直接影响了热能传导效率和赋存规模。构成岩石圈的不同岩性具有差异性热物性，不同深度下放射性元素含量的生热率不同，不同岩石的热导率也不同。一般地，花岗岩、白云岩具有较高的热导率，而黏土、砂岩的导热效率较差。在地热系统中，岩性组合的配置关系也将影响深部热能的赋存能效，这也是干热岩、水热型、浅层地热能的分布基础。

三、地热成因分析

（一）构造分析

1. 控热构造

控制热水活动的断裂，一般处于构造复合部位或者处于断裂交会部位附近。这些部位应力比较集中，主断裂距较大，影响较深，致使地壳较深处的热液沿主断裂带活动，引起主断裂带的岩石产生热液蚀变现象。断裂带旁侧低次序断裂构造发育，构成了导热、储水的构造条件，成为地下水的赋存场所。

2. 导水导热构造

早期断裂所形成的裂隙被后期断裂错动、拉张，使其张开性和连通性增大，以及断裂本身的压扭作用形成的张性裂隙，组成裂隙网络系统，通过早期的控热构造断裂与深部热源沟通，为地下水进行深循环热交换提供了良好的构造条件，构成了深部地下热水的补给、径流、储存的主要通道和空间。

（二）水源分析

对于无特殊热源的中低温对流型地热系统，地下水循环是形成地热系统的主要原因。只有通过地下水的循环才能将岩层中赋存的热量“扫清”并集中起来。因此，中低温对流型地热系统除要求具备地下水深循环得以进行的地质构造条件外，充足的水源是关键。由地热区地形地貌和地热田地质条件综合分析，地热水补给水源是由地表水及浅层地下水沿岩体裂隙和断裂破碎带在地势较高的区域下渗进入岩体深部补给地热水。

（三）热源分析

地球内部热能向地表传输的形式主要有热流传导、热对流传导和热辐射传导3种形式。热源主要来自地壳深部的上地幔及其上部基岩花岗岩壳的放射性产热。局部可能受断裂影响形成对流式热传导，地热能源通过传导形式积聚的热量，热传导效率较低，但分布广泛。

（四）盖层分析

盖层是上覆于热储层的不透水或弱透水岩层，起隔水隔热的封闭作用，它是地热田形成、产出热蒸气的重要条件之一。地层最上部的新生界第四系为热储盖层，其地层结构的松散度、孔隙度的大小、导热性能的好坏、下部普遍分布的黏土层的厚度，都会影响盖层的隔水和隔热保温效果。

四、地热开发

（一）我国地热开发简述

地热开发早于其他可再生能源。20 世纪 70 年代世界第一次石油价格危机，引发各国政府探寻新能源。我国地质事业的奠基者和领导者李四光教授倡导开发利用地热能源，他指出：“地下热能的开发与利用，是个大事情。这件事，就像人类发现煤炭、石油可以燃烧一样。这是人类历史上开辟的一个新能源，也是地质工作的一个新领域。”

根据当时世界上新能源的发展态势，地热能源已表现出骄人的业绩。世界上第一个采用地热发电的意大利当时装机 335 MW，世界第二个采用地热发电的新西兰当时装机 192 MW，世界第三个采用地热发电的美国当时装机 521 MW，这3个国家的地热发电总装机已达 1048 MW。如果比较一下，当时世界风电装机不及地热的 30%，太阳能发电仅为地热的 1%，但后来 2002 年和 2007 年风力发电和太阳能发电分别超越了地热发电。中国地热当时轰轰烈烈掀起了第一次高潮：1970 年广东省丰顺县地热发电成功，使中国成为世界上第 8 个地热发电国家。

70 年代全国建成 7 处中低温地热发电厂，西藏羊八井高温地热发电成功。北京城区勘探发现地热田，地热用于供暖、医疗、温室和水产养殖等。天津地热综合利用赫然成为全国学习的榜样。遗憾的是第一次高潮维持不到 10 年，因为没有地热产业的支撑，事业单位、大学和研究所在完成研究报告后，就逐渐退出了舞台。20 世纪末，在世界发达国家已大力发展的地源热泵被引入中国。这种节能减排的新事物因技术门槛相对较低，利润回报较高，经北京、沈阳等地的试点开发，迅速形成热潮，席卷全国。

（二）地热开发技术简述

地热开发技术包括取地热水并进行回灌技术，以及取热不取水技术。取地热水需要在热水井中建立取水管道，并进行回灌，如图 1–1 所示。

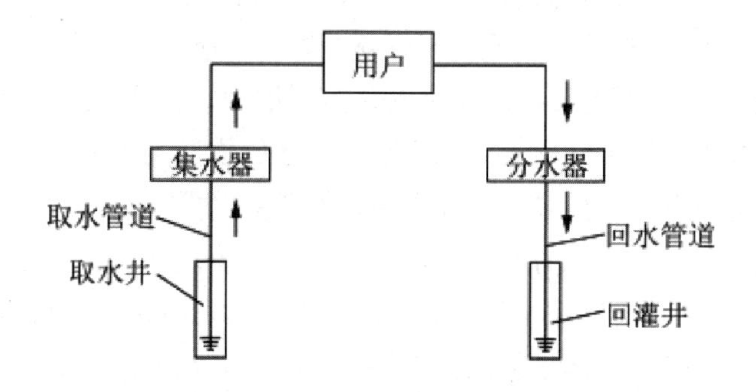

图 1–1　地热井取水示意图

取热不取水技术，需要采用井下换热系统。井下换热系统主要有单井换热系统和 U 形对接井换热系统，如图 1–2 所示。

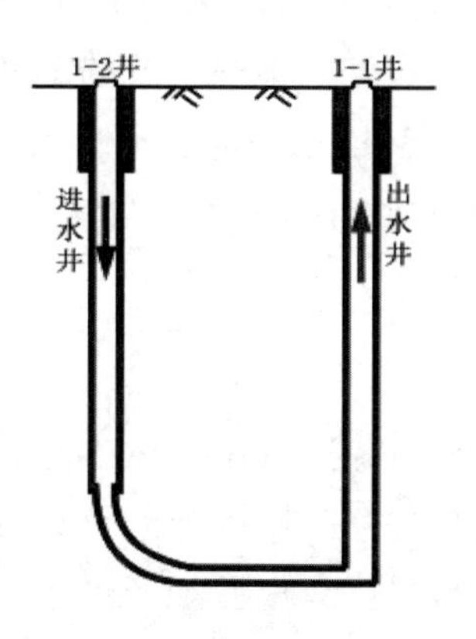

图 1–2　取热不取水技术示意图

第二节　地热系统的分类

一、增强型地热系统

增强型地热系统（Enhanced Geothermal System，EGS）是为了利用工程技术手段开采干热岩型地热资源或强化开采低渗性热储地热能而建造的人工地热系统，其原理是在高温低渗的干热岩体中，采用以水力措施为主的人工技术对热储岩体进行改造，增强其渗透性和流体流量，然后驱动低温工质流经改造形成的裂隙网络进行热能的提取和利用。自美国启动首个试验项目以来，EGS 已经历了近 50 年的发展，不同国家和地区开展了大量的科研和试验工程，取得了丰富的研究成果和开发经验，但却始终未能实现深部干热岩型地热能的大规模商业化开发。

EGS 形成过程：钻注入井，经注入井向储层内注入高压水，迫使岩石开裂从而形成具有渗透性的多尺度人工缝网结构，之后依据人工缝网走向确定采出井位置，形成一注一采、一注多采或多注多采等开发模式。

EGS 采热过程：经注入井将水、CO_2 等低温工质注入具有人工缝网的干热岩储层，与高温岩体充分换热后，经采出井采出，由地面发电系统将热能转化为电能。

增强地热系统是由美国洛斯阿拉莫斯（Los Alamos）国家实验室研究人员于 1971 年首次提出的，其目的是开采干热岩型地热资源。随着时间的推移和技术的推广，其外延逐渐增加，不同机构对其内涵的定义和解释也出现了偏差，这种差异化不利于增强地热系统关键技术的攻关，也不利于政府对其制定针对性的扶持和补贴政策。为了便于统计和分析，在此采用了国家能源局《地热能术语》（NB/T 10097—2018）中关于干热岩和增强地热系统的定义，即干热岩是不含或仅含少量流体，温度高于 80 ℃，其热能在当前技术经济条件下可以利用的岩体；增强地热系统是为利用工程技术手段开采干热岩型地热能或强化开采低孔渗性热储地热能而建造的人工地热系统。

（一）研究现状

1972 年，美国在新墨西哥州芬顿山开展 EGS 项目，之后英国、法国、德国和日本相继加入该项目，并于 1976—1988 年陆续在本国开展干热岩开发，至今全球已有 10 余个国家正在进行或已终止了 41 个项目。其中较有代表性的为美国

Fenton Hill 项目、日本 Ogachi 项目和法国 Soultz 项目。美国 Fenton Hill 项目于1974 年开始，是世界上首次利用干热岩资源的项目，验证了在渗透率很低的干热岩中通过人工致裂的方法改造储层，进而使用循环流体提取地热能源是可行的；日本 Ogachi 项目使用井下摄影机拍摄了裂隙走向，对裂隙系统状况有了较深了解，证明了创造人工热储的效果依赖原始地应力和天然裂隙分布情况，将钻井钻入已有裂隙系统要比同时钻进后通过水力压裂建立联系更有效；法国 Soultz 项目是开采效果相对较好的 EGS 项目，在注入生产试验流量达到 25 kg/s 时，工作液温度升高 94 ℃，回收率接近 100%，热能开采效率达到 9 MWt，并由此开始了产业化的尝试。

我国对干热岩的研究起步较晚。2010 年，国土资源部启动了关于钻探工艺、器具及配套设备等干热岩高温钻探技术方面的研究；2012 年，吉林大学、清华大学和中科院广州能源研究所承担了国家高技术研究发展计划（“863”计划）项目，开启了国内针对干热岩工程的专项研究；2013 年，国土资源部在青海共和盆地中北部钻成了井深 2230 m、井底温度 153 ℃的干热岩井，对干热岩型地热能开发进行了探索性试验；2015 年 5 月，我国第一口干热岩综合科研钻井正式开钻。国内一部分学者在实验和理论层面也进行了相应的探索。

2010 年，赵阳升[①]等利用“600 ℃ 20 MN 伺服控制高温高压岩体三轴试验机系统”对砂岩和花岗岩在常温至 600 ℃范围内的声发射特征和渗透性演化规律进行了试验研究，揭示了岩石的热破裂和渗透性相关特征的规律，为研究干热岩性质和建设 EGS 项目提供了参考。

2012 年，王晓星等[②]结合 EGS 开发中储层激发和系统运行阶段的特点，对目前已经用于和可以用于 EGS 数值模拟的典型求解器进行了分析对比，总结了其适用范围及优缺点。

2013 年，陈继良等[③]将干热岩热储层视为等效多孔介质，通过自行开发的 EGS 系统地下热流动过程三维动态模拟软件，模拟了不同地质条件下 EGS 的长期运行过程，分析了热储周围岩体的热补偿对产热温度以及热储内岩石、流体温度演化的影响。

2014 年，鲁北地质工程勘察院在山东省利津县陈庄镇开展了国内首次干热

① 赵阳升，万志军，张渊，等．岩石热破裂与渗透性相关规律的试验研究 [J]. 岩石力学与工程学报，2010，29（10）：1970–1976.

② 王晓星，吴能友，苏正，等．增强型地热系统数值模拟研究进展 [J]. 可再生能源，2012，30（9）：90–94.

③ 陈继良，罗良，蒋方明．热储周围岩石热补偿对增强型地热系统采热过程的影响 [J]. 计算物理，2013，30（6）：862–870.

岩工程现场压裂测试，期间进行了 1 眼干热岩勘探孔施工（GRY1 孔）和 2 组水力压裂试验，分析了压力、注入流量及渗透系数等因素对压裂效果的影响，为后续干热岩储层改造提供了参考①。

2014 年，胡剑等②建立单裂隙热流耦合模型，计算了裂隙宽度、水流速率对水岩温度场的影响，分析了热量在裂隙岩体中的传递过程以及裂隙长度、裂隙宽度和裂隙水流速率对水岩温度场的影响。

2015 年，郭亮亮等基于大庆油田莺深 2 井的测井资料，根据其地应力及岩性变化情况选定 EGS 开采潜力储层，采用水平井及张开型压裂的改造方式对潜力储层进行了多种压裂方案数值模拟分析，并根据压裂模拟结果建立三维水热耦合模型进行发电潜力评估，得出了该井进行 EGS 开采的最优压裂和开采方案。

2015 年，岳高凡等③基于共和盆地深部地质条件，建立了表征 EGS 系统水热特征的数值模型，研究了温度场、压力场的时空分布特征，并分析注入流体温度和循环流速两个可控因素对提热过程的影响。

2016 年，郭亮亮④结合松辽盆地徐家围子干热岩靶区的地质数据，采用室内试验、模型建立及程序开发研究了干热岩水力裂缝起裂、扩展和岩石热损伤，并建立三维地质模型，进行了 EGS 储层改造和开采的数值模拟研究，评价了该区干热岩资源开采潜力、给出了相应压裂和开采策略。

2016 年，李正伟⑤借助自主研发的干热岩导流换热试验系统，研究了花岗岩、砂岩在的渗流与传热问题，并针对松江盆地徐家围子地区的实际地质情况，分别建立了裂隙型干热岩储层和致密砂岩型干热岩储层模型，对储层的产热能力进行了评价。

2016 年，孙致学等⑥利用双重介质模型和随机生成的二维裂隙网络，基于 COMSOL 软件的二次开发，建立了裂隙岩体温度、渗流和应力三场耦合模型，模拟了 EGS 的运行过程，揭示了热储层中渗流、温度、应力和变形的变化规律。

2017 年，周长冰等⑦采用“600 ℃ 20MN 伺服控制高温高压岩体三轴试验机

---

① 谭现锋，王浩，康凤新．利津陈庄干热岩 GRY1 孔压裂试验研究 [J]. 探矿工程（岩土钻掘工程），2016，43（10）：230–233.

② 胡剑，苏正，吴能友，翟海珍，曾玉超．增强型地热系统热流耦合水岩温度场分析 [J]. 地球物理学进展，2014，29（3）：1391–1398.

③ 岳高凡，邓晓飞，邢林啸，等．共和盆地增强型地热系统开采过程数值模拟 [J]. 科技导报，2015，33（19）：62–67.

④ 郭亮亮．增强型地热系统水力压裂和储层损伤演化的试验及模型研究 [D]. 长春：吉林大学，2016.

⑤ 李正伟．干热岩裂隙渗流：传热试验及储层模拟评价研究 [D]. 长春：吉林大学，2016.

⑥ 孙致学，徐轶，吕抒桓，等．增强型地热系统热流固耦合模型及数值模拟 [J]. 中国石油大学学报（自然科学版），2016，40（6）：109–117.

⑦ 周长冰，万志军，张源，等．高温条件下花岗岩水压致裂的实验研究 [J]. 中国矿业，2017，26（7）：135–141.

系统”开展了鲁灰花岗岩大试样在高温三轴应力下的水力压裂实验，分析了实验的水压加载曲线特征和裂缝最终形态，为改造干热岩热储层提供了实验支撑。

2018 年，翟海珍等[①]基于美国沙漠峰地热田地质背景，引入平行多裂隙概念构建了深层地热储层模型，利用 Fluent 对热提取过程进行了数值模拟，研究了热开采过程中工作液产出温度与产能的变化，分析了换热单元体厚度、裂隙宽度和注入速率等因素对热提取的影响。

2019 年，曲占庆等[②]为模拟岩体与流体间的能量传递，基于局部热非平衡理论，建立了温度－渗流－应力全耦合的双重介质模型，通过分析热开采过程中流体流动、热量传递和岩体变形的相互作用，研究了不同注采井网和模型参数下的 EGS 热提取性能。

2019 年，张林等[③]基于分形理论和离散裂缝网络模型，利用树状分叉网络表征离散缝网，构建了 EGS 热流耦合解析模型并分析了分叉参数和生产参数对 EGS 热提取总量的影响。

（二）发展历程

1973 年，为验证干热岩资源开发的可行性，美国政府在新墨西哥州芬顿希尔（Fenton Hill）地区启动了世界范围内首个 EGS 项目，该项目最大钻井深度为 4391 m，最高储层温度为 327 ℃，热储规模达到 10 MW。虽然后期因流体损失严重而关闭，但其论证了采用 EGS 提取干热岩型地热能的可行性，开启了深部地热能开采的先河。截至 2020 年末，世界范围内共开展或者正在开展的 EGS 项目共计 41 个，主要分布于美国、德国、英国、澳大利亚和中国等 14 个国家和地区。EGS 的发展整体分为两个阶段，2000 年以前是 EGS 的研究和开发阶段，共开展了 15 个试验项目，主要目的是评估 EGS 的可行性及关键技术的研发。这期间，美国、德国、英国、法国和日本等国家在不同区域、不同热储条件下开展了大量的试验和技术攻关，为后续 EGS 的发展奠定了基础。该阶段开展 EGS 试验的国家，多数以资金或人员的形式参与了芬顿希尔（Fenton Hill）项目，掌握了当时最先进的技术和丰富的现场数据，为他们在各自的国家启动 EGS 试验提供了必要的技术支持。2000 年以后，鉴于能源危机和寻求新能源的热潮，EGS 取

① 翟海珍，苏正，凌璐璐，等. 基于平行多裂隙模型美国沙漠峰地热田 EGS 开发数值模拟研究 [J]. 地球物理学进展，2017，32（2）：546–552.
② 曲占庆，张伟，郭天魁，等. 基于局部热非平衡的含裂缝网络干热岩采热性能模拟 [J]. 中国石油大学学报（自然科学版），2019，43（1）：90–98.
③ 张林，姚军，樊冬艳. 基于树状分叉网络的增强型地热系统采热计算分析 [J]. 可再生能源，2019，37（2）：281–288.

得了蓬勃的发展，逐渐进入示范和准商业化阶段，相关技术日趋成熟，项目数量取得了高速增长。2001 年至 2005 年新增项目为 6 个，2005 年至 2010 年则增至 13 个，几乎与第一阶段近 30 年的项目总和持平。项目增多的原因：一是研究和开发阶段取得成功经验的国家加大了投资力度，相继启动了许多新的项目，如美国 2000 年以后新增了 8 个 EGS 项目；二是一些干热岩资源丰富的新兴国家，如中国、韩国等，相继启动了首个 EGS 试验项目。

（三）关键技术

1. 干热岩储层人工压裂技术

干热岩储层较为致密，渗透率极低，为保证注入流体能够与储层岩石进行充分热交换并顺利经采出井采出，一般需要通过储层改造形成连通良好、导流能力高的流动通道，提高储层渗透性。但在储层改造过程中，易形成单一的高渗裂缝，造成流体流动短路、过早产生热突破，影响 EGS 的可持续开发利用。因此，明晰人工缝网形成机制、精准预测压裂裂缝以及有效调控缝网结构，是形成复杂人工缝网和提高 EGS 采热效率的一大关键。

干热岩储层较为致密，渗透率极低，一般需要通过人工压裂的手段为流体创造流动换热通道，但不合理的压裂缝网易引发流体短路，造成过早的热突破，制约地热系统的可持续开发利用。应用暂堵转向压裂、液氮压裂等技术可帮助形成复杂的人工缝网，但仍需明晰缝网的形成机制，开发精确的裂缝扩展预测模型来指导压裂工作。对于干热岩水力压裂模型方向，将向能考虑干热岩热弹塑性变形与破坏、压裂液与干热岩相互作用、应力腐蚀引起的亚临界裂纹扩展等现象的全三维压裂模型发展；同时对于干热岩水力压裂算法，由于全三维压裂模型计算成本较高，水力压裂算法向最佳正交分解（POD）、广义最佳分解（PGD）、减基（Reduced Basis）等降阶算法发展，从而提高水力压裂数值模拟的运算效率。

2. 干热岩开采数值模拟技术

干热岩储层含有多种储渗结构，包括孔隙和裂缝，其中裂缝尺寸从厘米级跨越到米级（甚至千米级），具有多尺度、强非均质特征；另外，低温流体注入高温储层，破坏储层内温度场、压力场、应力场和化学场，产生强烈扰动，热流固化多场耦合效应显著。因此，干热岩开采属于典型的多尺度多场耦合问题。

干热岩储层具有多尺度、强非均质特征，开采过程受到热流固化多场耦合作用的影响，属于典型的多尺度多场耦合问题，但相关耦合作用机理尚不明确。对于干热岩岩心尺度多场耦合模型，将向更精细刻画孔隙结构、更精确计算孔隙内部流动换热、更精确计算固体骨架局部变形及断裂扩展的方向发展，离散力学模型与新型流体力学求解方法如 LBM、SPH 将有更深入的结合和应用，此外岩心尺度 THMC 耦合数值模型有待开发。对于储层尺度多场耦合模型，精确描述裂缝分布和走向的离散裂缝类模型是开发热点，各场控制方程之间会引入更全面的关联项和耦合方程以求符合实际物理过程，对于方程求解将大力应用 XFEM、XFVM 等先进方法以实现高效模拟。另外，尺度升级方法可以综合考虑储层中裂缝和孔隙多尺度特征，并与多场耦合模型结合，实现宏观和微观尺度耦合。

3. 井筒热流体高效提取技术

在地热开采过程中，注入的冷流体在储层裂隙内流动并与高温岩石进行充分换热后，经过采出井传输至地面，进行后续温泉、供暖、发电等应用。在 EGS 中，流体与岩石换热后进入采出井时的温度较高，同时由于井筒深度在 3 ～ 10 km，流体经井筒传输至地面的过程中将产生几十兆帕的压降。在采出井口附近，若压力降低至流体饱和压力之下，将引发流体的闪蒸相变现象，极大地影响井内热流体的高效提取。因此，明晰地热井内流体闪蒸过程的流动换热特性，实现对井内流体闪蒸的精确预测，并进行有效预防是实现地热井内热流体高效提取的关键。

地热井筒由于高井深、大压降的特点，内部流体在举升过程中易发生闪蒸，极大地影响井内的流动换热特性，引发流动震荡、井内碳酸钙结垢等问题，威胁地热系统的安全性和可持续开采。利用实验可以实现对地热井内流体闪蒸过程的直观描述，目前相关研究已在核反应堆设计的自然循环方面广泛展开，未来可通过建立合理的模化准则开展地热井筒内流体闪蒸的等效实验。对于地热井筒内的数值模拟，稳态、单相的模型已受到广泛应用，瞬态、两相模型可更准确地描述井内的闪蒸现象，已初步应用于地热井筒领域。此外，油气开发领域具有更加成熟和前沿的井内两相流动模型，可扩展应用于地热井筒。同时，将地热井筒全尺度的数值模拟与局部区域的可视化实验研究相结合，可更好地实现对地热井内流体闪蒸机理的深入探究，为预防井内流体的闪蒸以及提高井筒热流体提取效率提供理论支持。

4. 增强型地热系统储层改造技术

EGS 最关键的技术是储层改造，目的是在低渗透性岩石中建立大体积的储水层，使原有天然裂隙错动或形成新的裂缝，从而使注入井和生产井系统建立适当的连通。常用的储层改造方法有水力压裂、化学改造和热改造。

水力压裂是最主要的EGS储层改造手段，该技术最初来自油气行业，但近些年已经成为干热岩人工热储形成的重要手段。然而，由于岩石构造不同，天然裂隙的差异以及压裂过程的各种不确定性因素，导致压裂过程中裂隙系统的发展和压裂的效果难以预测。储层的裂隙结构直接影响流体在热储中的渗流换热过程，是决定EGS可开采热能和运行寿命的关键因素。

水力压裂，是指将低温高压的流体注入地层，在井底憋压产生人工裂缝，从而提高地热储层渗透性的方法，是最主要的储层改造方法。注入流体一般为清水，也可以是高黏压裂液，一般垂直于最小应力方向，岩石最易发生开裂和扩展。油气开发中压裂易造成岩石拉伸破坏，而EGS主要为水力剪切破坏，能够依靠裂缝粗糙度使裂缝维持张开状态，裂缝较宽但开度较小，有利于流体与储层的充分换热，但这种自支撑机制并不总是有效，依然需要注入支撑剂，保证裂缝张开。

通过水力压裂可以改善EGS储层的渗透性，但通过这种方法提高渗透性会产生两种负面效应：①在水力压裂过程中大裂隙通道优先发展，注入水快速流经此类大通道并从生产井排出，即短路循环；②注入压力可能超过裂隙生长的临界压力，从而使储层扩大，使水流到储层中的非循环部分不能被开采利用，即水流损失。短路循环是影响EGS运行效果和经济可行性的主要问题之一，会造成岩石裂隙网络中很大一部分无法发挥换热功能，这可能在压裂初期即已出现，也可能在长期流体循环后形成。

化学改造，包括酸化和碱性化学刺激等手段，通过向井中注入酸性液体/碱性液体，溶解储层的矿物质，从而提高地热储层的渗透性，增加载热流体的注入量和提取量，满足地热产能需求。酸化过程一般需加缓蚀剂，减缓酸液对完井管柱的腐蚀。酸化过程通常包括前置酸、主体酸和后置酸三个阶段，前置酸一般用HCl溶解碳酸盐类岩石矿物，主体酸用土酸（HCl/HF混合物）来溶解硅酸盐类岩石矿物，后置酸一般用清水将管柱中的酸液顶替进入地层中。但现阶段化学改造主要用于地层近井附近，溶解岩石或裂缝里的充填物，作用范围有限，是进行储层改造的次要手段。

热改造，是指在低于岩石破裂压力时将冷流体注入高温地层，随着注入时间延长，地层的注水能力逐步得到提高。热改造机理包括以下两个方面：①注入的冷流体会引起岩石冷却收缩，使裂缝张开；②地热储层冷却引起的热应力会促进裂缝扩展，缝面剥落碎片可起到支撑裂缝的作用，使裂缝保持永久性张开，进而提升注水能力。目前，热改造方法的研究与应用较少，一般作为储层改造的辅助手段，与水力压裂和化学改造方法联合使用。

5. 增强型地热系统储层解堵技术

对现有的解堵技术类型进行总结，可按基本原理分为物理水力解堵、化学试剂解堵、物理 - 化学混合解堵三大类。

（1）物理水力解堵技术

物理水力解堵技术主要就是以水为载体，通过地面的流体泵送机，将外附压力由地面传递到发生堵塞的区域，按流体泵送的方式可以分为单向循环、双向循环和脉冲循环。单向循环常应用于形成时期较新且仅轻微蚀变的花岗岩体。轻微蚀变的花岗岩的岩体颗粒结构稳定，在流体换热过程中不易脱落，能避免矿物颗粒运移造成堵塞，但这种条件理想的地层较少，矿物颗粒及完井过程中的岩屑难以彻底清除，因此单向循环水力解堵技术常与构建人工裂隙过程中的水力压裂技术混合使用，以确保构建的人工裂隙具有良好的渗透性。双向循环是在单向循环水力解堵技术的基础上将原有的注入井和抽出井按一定周期调换功能，即在对注入井和抽出井作业一段时间后，将注入井作为抽出井，抽出井作为注入井，逆向泵送流体。双向循环能避免单向循环将可移动矿物颗粒运移至裂隙喉道引起的细微裂隙堵塞，双向循环更利于将可移动矿物颗粒运移至近井区域的大裂隙中，由抽水井抽离地层，达到解堵的目的。脉冲循环，是在注入井内放入低频水力脉冲发生器，将水作为介质，多次瞬间升降压，以恢复储层渗透率的重要先进技术。应用脉冲循环技术解堵时，一定频率的脉冲压会依靠流体传递到人工裂隙内，经多次重复增压，会对裂隙内的物理堵塞类型产生脉冲作用（净化作用），并对地层产生强烈拉伸 / 压缩（疲劳扩展作用），进一步疏通流道，扩大裂隙过水面积。物理水力解堵技术使用的流体为凝胶 + 水。这类凝胶主要以耐高温含硅有机黏性凝胶为主，由地面泵机预先泵入裂隙后，凝胶会先到达较大裂隙，依靠自身的高黏性，能暂时封堵具有良好水力连通性的裂隙，再通过循环技术，利用水力循环将堵塞位置进行疏通，在渗透率恢复后，使用溶剂溶解有机凝胶，并完成回收。

（2）化学试剂解堵技术

化学试剂解堵技术就是依靠流体对堵塞矿物产生化学溶蚀，再通过水力循环过程，将溶解的组分由抽水井抽出。化学试剂解堵技术按所使用的试剂类型可分为低矿化度流体解堵技术、酸液解堵技术和碱液解堵技术。低矿化度流体解堵技术按流体组分和来源，可以分为超纯水解堵技术、低矿化度水（地下水或地表径流）解堵技术、去离子水解堵技术。超纯水是采用人工滤膜将换热流体净化得到的纯水，一般不含离子（或含微量离子）。超纯水由于具有较低的矿化度，与堵塞矿物接触后，化学势差会促进矿物溶解进入纯水，加之在高地应力的环境中，固相物质的活度可有效提高，从而加速矿物溶解的动力学速率，溶液再由循环过程携带至地面。由于制备超纯水的设备价格高昂，矿物在超纯水中的溶解量也十分有限，所以依靠超纯水进行矿物解堵的试验，还停留在实验室阶段。低矿化度水及去离子水，是将场地周围水体进行简单净化，降低矿化度或去除特殊离子后所获得的水体。其解堵原理和超纯水相同，效果没有超纯水明显，但低矿化度水及去离子水解堵技术，是在考虑原料简单易获取、成本低廉的基础上提出的，能显著提高操作可行性。

（3）物理 - 化学混合解堵技术

物理 - 化学混合解堵技术是物理水力解堵技术与化学试剂解堵技术的有机组合。将物理水力解堵技术中的黏性凝胶和水替换为溶蚀解堵效果明显的化学试剂，形成了许多被应用的混合解堵技术，该技术保留了水力解堵技术和试剂解堵技术的优点，又规避了两种单一解堵技术的不足。应用最多的物理 - 化学混合解堵技术是脉冲循环技术与土酸酸液体系相结合的技术，这是由于脉冲过程中具有高剪切的内、外交替流动，加剧了注入的解堵试剂与裂隙内矿物的接触，提高了酸反应程度。压力脉冲也能有效抑制窜槽，使解堵试剂更加均匀地分散到裂隙内部。另外，液体脉冲振动剥蚀下来的堵塞物，在解堵剂中的溶蚀或溶解程度更强，在上冲程时随射孔回流及时返排，将大大提高脉冲振动的解堵效果。

（四）影响因素

1. 局部非热平衡对增强型地热系统的影响

干热岩的有效开发需要依托增强型地热系统所形成的复杂裂缝网络，而致密基质与不同裂缝之间形成了不同尺度的传质传热环境，导致多孔介质传质传热过程存在复杂性。为分析局部非热平衡对复杂裂缝系统传质传热过程的影响，建立考虑局部非热平衡假设的毫米尺度传质传热模型，揭示局部非热平衡假设对基质 – 裂缝传质传热过程影响的微观作用机理。同时建立考虑局部非热平衡假设的嵌入式离散裂缝模型和求解方法，通过储层物性参数敏感性研究分析考虑局部非热平衡假设的必要性。结果表明，不考虑局部非热平衡假设会低估在近裂缝区域的岩石温度，而高估传热前缘区域的流体温度。局部非热平衡假设对增强型地热系统的影响主要体现在注入早期。注入强度越高，基质裂缝渗透率越低、基质裂缝孔隙度差异越大、岩石热扩散系数越大、对流传热系数越小，越需要考虑局部非热平衡假设。

2. 井筒布置对增强型地热系统采热性能的影响

如何布置井筒，在实际的生产过程中，会直接影响干热岩的温度场和渗流场。井筒布置的主要要素包含注采井的布置、井间距的布置、井筒半径的大小。为了进一步研究热储采热性能受上述要素影响的程度，可以每种设置不同工况，进行对比和分析，并且通过采出温度、生产质量流率、热开采速率及热提取率这四项评价指标来进行分析，验证不同设置产生的影响，从而全面分析干热岩的热采机理。

（1）注采井网

注入井井数的不同会对注采井网产生影响，进而影响干热岩储层的采热性能，这里保持采出井井数为 1，但注入井井数分别设置成 1，2，3。在相同的储层条件及注采条件下，对不同注采井网布置方案的采热过程进行了模拟。其中三种方案的注采井中心轴横纵坐标分别如表 1–1 所示。假设计算模型是由基岩与裂隙构成的双重介质模型，裂隙分布同样是 2 组正交裂隙，裂隙形状为圆盘形，裂隙平均迹长 40 m，裂隙数是 1000 条。

表 1–1　不同注采井网布置方案的注采井中心轴横纵坐标

井网布置	注入井中心轴横纵坐标	采出井中心轴横纵坐标
1 注 1 采	（225，225）	（375，375）
2 注 1 采	（225，225）、（375，225）	（375，375）
3 注 1 采	（225，225）、（375，225）、（225，375）	（375，375）

（2）井间距

井间距的大小影响增强型地热系统的采热性能，越小的井间距，对于注入井端附近的基岩，其被冷水降温的范围越小，对于采出井端附近的基岩，其被冷水降温的范围越大。由于注采井在布置时，井间距越小，则两井越靠近研究域中心轴，而与研究域端面的距离越远，从而使两井间的传热过程更快，而向端面传热过程减慢。但总体而言，都是注入井附近的基岩温度首先降低，温度降低的区域逐渐向采出井方向延伸。

综上，注入井井数的增加会提高生产质量流率，但却不会使热突破明显提前，使得热开采速率大大提高，对系统采热有利。井间距的增大可以延长系统寿命，提高生产质量流率，并能提高热开采速率，有利于热能提取。

3. 裂缝间距对增强型地热系统采热性能的影响

裂隙间距即压裂间距制约着整个 EGS 储层的寿命，在注水流量和注水温度一定的情况下，不同裂隙间距下热储层温度场的演化趋势也不同。在相同注水流量下运行寿命的决定因素为裂隙内部流体的流动短路现象，由于较大的裂隙间距不易形成热穿透，所以系统运行寿命更长，但降低了储层开采率；系统寿命的主要影响因素为裂隙间距，过小的裂隙间距易形成热穿透，系统运行寿命短，但开采率高。

二、中低温对流型地热系统

（一）中低温对流型地热系统概述

中低温对流型地热系统在自然界有着十分广泛的分布，该类地热系统主要靠正常或偏高的区域大地热流量来供热，没有附加热源。所谓中低温对流型地热系统是那些温度低于 150 ℃，地下深处没有年青岩浆活动作为附加热源，在正常或偏高的区域热背景条件下，出现在裂隙介质或断裂破碎带中的地下热水环流系统。若按此定义，则在自然界广泛出露的温泉或热泉多数均可视作此类地热系统。这种地热系统的突出特点是地热系统靠正常或偏高的区域大地热流量供热和维持，地下深处没有与年青酸性浅成岩浆活动有关的岩浆房或正在冷却中的大型岩基存在，即不需要特殊的附加热源。高温水热系统一般出现在板缘或板内一定部位，且多数与年青的酸性浅成岩浆活动有关，因而在地区的分布上有很大的局限性。中低温对流型地热系统则不然，由于它不要求有附加热源存在，因此其地区分布的局限性要比高温水热系统好得多。我国最新统计数字表明，全国温度高于 25 ℃可看作对流型地热系统的温泉点共计 2200 个，其中多数为中低温对流型地热系统。正因为中低温对流型地热系统的分布面广、数量大，因此无论从地热能源开发利用还是从地热研究角度来考虑，该系统近年来已日益引起地学界和工业界的广泛兴趣和重视。

（二）中低温对流型地热系统形成的条件

1. 要有使地下水发生环流的裂隙系统

裂隙系统具有较好的导水性和较大的切割深度。地下水在断裂系统径流过程中，会将岩体中的热量“收集”起来，形成热水或温水。热水或温水的温度主要取决于循环的深度和地热系统所处的区域地热背景，在地热背景一定的条件下，地下水循环深度大，温度高。

2. 要有充足的补给水源

水是地热能源的载体，充足的补给水源也是中低温对流型地热系统的重要条件之一。此类地热系统的补给水源通常为大气降水、地表水和地下水。地下水从补给区运移到排泄区的受迫对流过程即形成一个天然流体（水）环流系统。国际知名地热学家、美国科学院院士怀特（White）博士在 60 年代末给出了中低温对流型地热系统的经典模式，如图 1–3 所示，可以看出大气降水在补给区地形高点通过断层或断裂破碎带下渗后进行深循环（*H* 为循环深度），在正常或偏高的区域热流背景下从围岩吸热，成为温度不等的热水，在适当构造部位（一般为两组断裂的交汇处）上涌，以温泉或热泉的形式出露于地表。

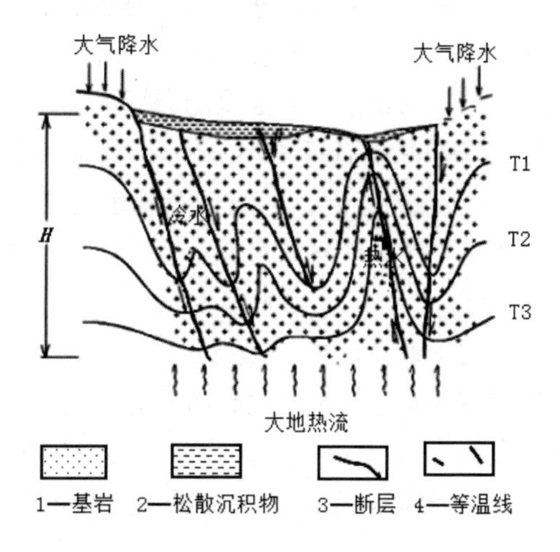

图 1–3　中低温对流型地热系统概念性示意图

第三节　地热能源的分类

地热能源是一种来自地壳深处的能源，也是引发地震、火山的重要因素之一。地球是一个庞大的储热仓库，在自然条件下，地热能源通过火山喷发、岩层导热、温泉等运动，被源源不断地输送至地表，并加热储藏在地壳表层的天然水源中，这些加热的地下水最终会通过岩层之间的裂隙或人工钻井涌出地面。综上，地热能源是一种清洁的可再生能源。

一、浅层地热能

（一）浅层地热能概述

浅层地热能是赋存在地球表层岩土体中的低温地热资源，是一种清洁的可再生能源。通过地源热泵技术（包括水源式地源热泵技术和地埋管式地源热泵技术）开发利用浅层地热能与其他能源技术相比，有可再生、环境效益显著、高效节能等特点。浅层地热能赋存于温度小于 25 ℃、埋深在 200 m 以下的地层中。浅层地热能的分布最为广泛，且位于恒温带以下含水层不受季节周期性变化影响，通过热泵技术广泛应用于建筑物夏季制冷和冬季供热，但受限于能量品位低通常无法利用其进行发电。

浅层地热能的热源储存在浅层岩体、地下水和地表水中，具有开发价值的浅层地热能温度通常低于 25 ℃，主要用于城市建筑的供暖（制冷）。“十二五”期间对我国的 336 个地级以上的城市浅层地热能进行调查，发现我国 336 个地级市中，浅层地热能每年可开采量折合标准煤 7 亿 t，80% 的土地面积可以实现建筑的供暖（制冷），面积约 320 亿 m^2，地级以上城市浅层地热资源量为 95 亿 t 标准煤。适合开发利用浅层地热能的省市有北京、天津、河北、山东、河南、辽宁、上海、湖北、湖南、江苏、浙江、江西、安徽。

浅层地热能是广泛存在于地壳浅层（一般认为是 0 ～ 200 m，温度低于 25 ℃）的低位清洁能源，地热梯度分布总体呈现北高南低的特点，平均大地热流密度约为 63 W/m^2。浅层地热能可以用于供热、供冷，与传统锅炉供热系统相比，浅层地热能可以省 1/3 以上的能源消耗，因此浅层地热能可以有效缓解能源供给压力。

由于体量大，截至 2020 年，我国地热直接利用装机总量居世界首位，主要利用形式是水热型和浅层地热能，其中利用“热泵”技术开采浅层地热能成为主流方式。建筑物供暖制冷面积达 5.5 亿 m^2。

热泵是一种利用势能使热量从低热源流向高热源的节能装置，浅层地热能的主要应用技术为地源热泵空调系统（简称地源热泵），包括以地下水、地表水和土壤为热汇的热泵空调系统。地源热泵系统中，土壤源热泵系统具有土壤温度稳定、全年波动数值较小的特点；土壤具有良好的蓄热特性；地下埋管在地下换热，无须除霜，具有环保减排的特点；同时其运行时热交换效率高，所产生的费用较低。垂直式地埋管换热器具有占地面积小的优点，故广泛适用于我国城乡地区人多地少的区域。因此，垂直式地埋管换热器，尤其是双U式地埋管得到了大力推广。山东省鲁南地质工程勘察院（山东省地质矿产勘查开发局第二地质大队）建设的山东省鲁南浅层地热能开发示范基地（春都华府）项目采用的就是双U式地埋管，垂直埋管安装在地下100 m左右深处，组管与热泵机组相连，封闭的塑料管内的水将热能传送给热泵，然后由热泵转化为建筑物所需的冷媒或热媒。在地下2 m深处水平放置塑料管，塑料管内注满水并与热泵相连，运行效果良好。

（二）浅层地热能研究

1. 国外研究现状

1912年，瑞士研究者提出了浅层地热能这一概念，虽然提出时间较早，但是由于战争等因素，关于浅层地热能的开发利用及相关理论研究在第二次世界大战之后才逐渐开展。世界上第一次地源热泵系统的应用于1946年在美国出现，但限于当时使用成本较为昂贵以及埋管腐蚀等因素该技术未能大规模普及。此外，大量地源热泵技术的经典理论相继被提出。这一时期浅层地热能的发展受成本、理论等因素限制未能得到较大发展，直至1973年欧美各国爆发能源危机，才使得地源热泵技术重新出现在人们面前，相关的研究如雨后春笋般展开。1987年，埃斯基尔松（Eskilson）模型被提出，其考虑了埋深对换热的影响。在这些理论不断发展的基础上，地源热泵技术的应用也逐渐开展起来，例如，美国在这一领域取得了令人瞩目的进展，目前美国浅层地热能利用的主要形式为闭式环路系统，这一系统具备较强的场地适应性。瑞典热泵市场从20世纪80年代开始快速发展，受自身技术水平有限、国际能源市场格局改变等因素影响，在之后的一段时期内都呈现出市场萎靡的状态。

进入21世纪以来，随着能源危机不断加剧，各国地源热泵技术不断得到发展，装机量也在不断上升。今天，大多数欧洲国家都建立了地源热泵。欧洲热泵协会（EHPA）提供了欧洲八个国家（奥地利、芬兰、法国、德国、意大利、挪威、瑞典和瑞士）的热泵详细统计数据，2008年计算的地源热泵占20%，其中大部分热泵使用空气作为能源。从2005年到2008年，这些国家的地源热泵年销售量在75000到110000之间。EHPA计算出在此期间安装的所有热泵每年可减少

6.74 t温室气体排放，其中约40%（2.7 t）来自地源热泵。2008年，瑞典、德国、芬兰等9个欧洲国家约有880000台地源热泵在运行，2000—2010年间，欧洲地源热泵年均增长23%。如今，欧洲对该技术的应用比例位于世界首位，超过了35%。

由此可见，欧美作为地源热泵起源地并且经过几十年的理论创新与产学研结合，其地源热泵技术水平及对浅层地热能的科学认识，有很多值得借鉴的地方。

2. 国内研究现状

我国的浅层地热能应用与研究相较欧美的发展步伐较慢。20世纪50年代，天津大学和天津商学院开始了地源热泵方面的研究，接着陆续有一些其他单位参与进来，但限于当时中国能源市场的特殊性，该技术未能被广泛采用。而20世纪90年代后，随着国际能源环境的变化以及地源热泵技术的自身优势，它才逐渐走进了大家的视野。中美自1995年相继签署了多项关于浅层地热能应用领域的合作与协议，开启了该技术在国际间的合作，为地源热泵推广做出了较大贡献。除国家层面外，国内多所高校也搭建了地源热泵实验平台，1998年重庆建工学院搭建了垂直、水平地埋管实验装置，湖南大学建立了水平地埋管实验装置，1999年同济大学开展了土壤源－太阳能耦合热泵的研究。此外，国内学者也在地源热泵理论研究方面做出了自己的贡献。2003年哈尔滨工程学院核科学与技术学院教授曾和义等人采用虚拟热源与格林函数法对竖直埋管换热非稳态模型进行了讨论，同年山东建筑大学热能工程学院教授刁乃仁等人抛弃了传统简化模型中的不合理假设，分析竖直埋管在钻孔中的传热过程，导出竖直地埋管换热器效能的解析解。

2018年中国地调局联合多个机构发布了《中国地热能发展报告（2018）》，该报告对过去我国浅层地热能发展及取得的成就进行了总结，同时列举出了目前我国浅层地热能发展所遇到的一些阻碍，为未来我国地热能发展做出了指导。

（三）浅层地热能开发

1. 浅层地热能开发中换热器和地下水流场相互作用

（1）地下水渗流对地埋管换热器的影响

在地埋管地源热泵设计规范中，主要考虑传热介质与换热管内壁的对流换热热阻、换热管管壁热阻、钻孔回填材料热阻、地层热阻和连续脉冲负荷引起的附加热阻，没有考虑地下水存在的情况下的换热方式。

（2）地埋管群对地质环境的影响

1）地埋管群对地下岩土体温度影响

大规模地埋管群运行时，不断向地下岩土体释放冷量或热量，长时间的累积使得地埋管群区域温度场失衡。如酒店、宾馆、医院及其他许多建筑物通常是连续运行模式，一个制冷或取暖运行周期内热泵机组 24 小时运行，地埋管群持续向地下岩土体释放冷量或热量，长时间运行导致岩土体温度升高或降低，从而使冷热负荷失衡。

存在地下水时，由于地埋管群换热器与地下含水层的对流传热，使得地下含水层集聚大量热量，含水层的温度变化影响水化学和生物活动。当前，科学研究已排除地源热泵系统带来的热干扰影响，当处于工厂较多的城市地区，其地下含水层热能储存温度超过 40 ℃时，邻近设施热干扰严重，此时需要进行适当管理。地源热泵系统运行带来的热干扰应符合实际情况，对地下环境的影响也应控制在合理范围内。

2）地埋管群对地下水环境的影响

当前，关于地埋管群对地下含水层的影响的研究表明，换热孔的施工易改变地下含水层的水力条件，以及与之相连的其他含水层系统。换热孔施工时，为避免对含水层水力条件产生影响，可沿着渗流方向布置地埋管群，尽可能地减小上游地埋管群对水量和水压的影响，避免下游的水量和水压与上游相差较大。大规模地埋管群不正确的钻孔和灌浆都会对地下水造成一定的污染。在地埋管群换热器施工和运行的过程中，污染物可能被引入地下水中，污染物融入含水层后，可能污染到与含水层相连的其他清洁水源，从而对地下水系统造成破坏。因此，应尽量选取天然的回填材料和成熟的回填工艺。

3）地埋管群内循环液对地下水的影响

目前的研究表明，换热器内传热流体可能对地下水质量有负面影响。对地埋管群热交换器循环液的研究发现，每个地源热泵系统项目都会不同程度地影响地下水的质量，导致地下水系统产生一定的负面影响。

大规模地埋管群内循环液对地下水环境也有潜在威胁，位于地下的地埋管一旦泄露，其污染难以治理。地埋管换热器内循环液利用防冻化合物的水溶液作为载体，当换热器循环液中添有杀菌剂或缓蚀剂时，其中部分组分可能对地下微生物产生不利影响和抑制防冻剂的降解，当 U 型管换热器被破坏后，这些混合物释放到含水层中，具有对地下水长期污染的潜力。另外，还有研究表明许多防冻液也含有潜在危险的防腐化合物。

4）地埋管群有潜在对地下含水层的污染

在地埋管群施工时，应避免将含有污染成分的回填材料回填至孔内，以减少对地下含水层的污染。当前，地埋管群对地下水环境的影响还停留在理论研究上，未来应该重视地下含水层污染监测系统建设，避免换热器施工或循环液泄露造成地下含水层污染。

2. 浅层地热能开发换热器回填材料

浅层地热能是广泛存在于浅层地层的低位热源，地源热泵是该能源的主要利用形式，其中竖直地埋管热泵由于占地空间小、换热量高等优点，常用于建筑制冷制热。而换热器内的回填材料作为管壁与换热孔的直接接触介质，其热物性对于地埋管换热器的换热性能有着重要影响。回填材料本质上是多孔介质，其综合热物性参数受含水率和温度的影响较大。

（1）回填材料热物性

目前的回填材料主要以原浆回填为主，根据工程实际需求，添加膨润土、石英砂、二氧化硅、石墨等材料制备得到高性能，尤其是高导热系数的回填材料。增加导热、提高换热量、减少热影响半径是目前研究的重点。地埋管换热器技术的改进在于加强地埋管换热，选择合适的回填材料。与传统换热器相似，提高换热的方法包括增加换热面积、降低传热热阻、增加传热温差等。山东省鲁南浅层地热能开发示范基地（春都华府）和山东省鲁南地质科技创新中心采用的是原浆加膨润土回填，孔口上部 10m 范围内用石英砂封口，效果较好。

（2）相变回填材料

相变材料（Phase Change Material，PCM）是一种物化性稳定且潜热巨大的材料，分为有机相变材料和无机相变材料，其中有机相变材料适用于中低温环境，以烷烃、高级醇为主，根据温度可分为低温、中温、高温相变材料。已有学者提出，可以利用相变材料相变时潜热大、温度不变的特点，在提升蓄热能力的同时，降低土壤温度变化幅度，提高土壤温度的恢复率，缓解土壤热失衡现象。

有机相变材料适用于低温环境中，在相变过程当中，固相和液相相互转化，有着相变焓值很高、结晶速率高、绿色环保等优点，但是其相变时的体积变化过大，容易发生泄漏行为，因此在应用中受到一定的限制。同时，相变材料在吸附到回填材料骨架后，由于岩溶地区地下裂隙水的冲刷作用，相变材料更容易被水冲走。

在应用相变材料到建筑领域时，需提前将相变材料进行定型封装，当前的定型封装方式有直接混合法、多孔材料吸附法、宏封装法、微胶囊封装法，其中直接混合法和多孔材料吸附法操作简单，但是经过多次相变循环后，仍然会出现渗透、泄漏现象，因此在材料的耐久性上经不住考验，不适用于长期运行的地下工程。

（四）浅层地热能开发影响因素

1. 场地条件因素

影响浅层地热能开发的场地条件因素主要包括地貌地形、施工环境和物探环境。简单场地的地貌、地形简单，施工环境良好，地热能开发带来的生态环境问题和地质效应问题较小，且周围电磁环境对前期物探工作影响较小或没有影响，如单一的碳酸岩地层；对于后续施工方案的确定、钻孔的推进成本以及周围的环境和地质影响都起到非常好的作用。中等复杂场地和复杂场地水文地貌与地形均比较复杂，施工环境较差或恶劣，周围电磁环境对前期物探工作影响较大，后续的施工成本和所带来的地质、环境影响也比较高。

2. 地层条件

在复杂的地质条件下，影响浅层地热能开发的地层条件因素主要包括裂隙发育程度、基岩厚度和溶洞发育程度。其中溶洞和裂隙都是影响地源热泵系统建设的不良地质现象，溶洞发育程度越高，钻孔时丢钻、卡钻事故发生率越高，当对过大的裂隙带进行钻孔作业时也需做相应的钻进防护处理，从而防止因钻孔施工难度加大而导致项目施工周期延长；基岩厚度包括地下 150 m 以内各自基岩层的厚度、空间分布关系、厚度比例，基岩厚度也在很大程度上决定了钻孔成本。综合确定地层条件对于评价该开发场地的可钻性，做出后继地埋孔、勘察孔施工与回填工作的依据和建议都具有十分重要的作用。

3. 地下水条件

地下水条件多种多样，根据地下水在不同介质中的赋存形式和运移状态，选取在复杂地质条件下对浅层地热能开发影响最大的因素作为评价因素。地下水在孔隙和裂隙中的运移流动对于地源热泵系统的散热具有十分重要的作用，可在很大程度上避免地源热泵系统的热失衡，提升该系统的换热效率。影响浅层地热能开发的地下水条件因素，可综合为裂隙水流量、裂隙水流速、孔隙率和孔隙水流速四项指标，这四项指标数值越好，后期地源热泵系统建成后系统运行效率也就越高。

4. 地层热物性参数

地层热物性参数包括开发区域内地温场分布特征、地层的有效传热系数、岩土体平均导热系数、地层初始温度和地下水温度等参数，综合为地下水水温、地层比热容和地层导热系数三大指标。这些指标对于计算下一步该场地地源热泵系统地埋管换热器的合理间距，进行场地浅层地热能评价，提出合理的开发利用方案都有很高的参考价值。

（五）浅层地热能开发技术

浅层地热能一般指 200 m 深度范围内的地热能源，也是最容易被开发利用的地热资源。在浅层地热能开发利用的过程中，地下水作为能量传递的介质，需要封闭式循环使用，即取热能完成的回水要同层回灌至地下含水层，利用地下热能而不消耗水资源。若不实施回灌，势必导致区域地下水位持续下降，造成资源枯竭，并引发一系列的地质环境问题。

1. 回灌井结构

回灌井的作用是将取热完成后的回水同层回灌进入地下含水层，一般情况下采取一径到底原则，即通孔同径。通常，回灌井采用传统供水井的施工工艺和技术，成孔直径 600 ～ 800 mm，下 273 ～ 315 mm 的管材，在含水层的层位设置滤水管，滤水管外包尼龙滤网。含水层段孔壁与井管之间环状间隙回填滤料，含水层上方采用黏土球止水。

2. 回灌井材料

在浅层地热能开发利用的过程中，回灌井的井管有钢管、铸铁管、钢筋混凝土管、混凝土管及 U-PVC 管等。钢管采用焊接方式连接，铸铁管采用管箍丝扣方式连接，滤水管均采用钢（铸铁）管打孔后缠丝管，开孔为圆形，呈梅花形均匀布置。钢筋混凝土管和混凝土管的滤水管均为同材质滤水管。U-PVC 管采用管箍丝扣方式连接，滤水管采用割缝管或打孔后缠丝管。

3. 地下水回灌机理

地下水回灌是将取热能完成的回水通过水泵疏排到回灌井内，在井内产生一定的水头高度，与地下水水位之间造成水压差，如图 1–4 所示。

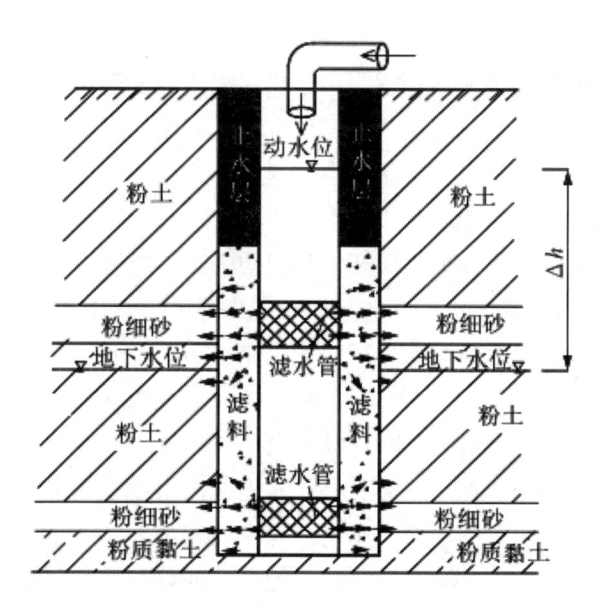

图 1–4　地下水回灌机理示意图

二、水热型地热能

（一）水热型地热能概述

水热型地热能是温度在 25 ～ 150　℃、埋深大于 200 m，赋存于天然地下水及其蒸汽中的地热资源，主要包括砂岩型地热能和岩溶型地热能。水热型地热能的利用更为广泛，品位较低的地热能可以实现直接利用（房屋供暖、水产养殖、温泉洗浴等），品位较高的（温度大于 100　℃）的地热能则可以实现地热发电。

水热型地热能是由地球内部的熔融岩浆和放射性物质的衰变产生的，具有储存量多、分布广泛、环保清洁、热稳定性高等特点，属于清洁、可再生能源和未来能源。它具有较大的热流密度和流量，并且具有稳定的热物性参数，安全系数比较高。和浅层地热能相比，水热型地热能在开发利用时具有占地面积小、换热功率高等优点，对于用地面积紧张的城市来说，水热型地热能的应用更具优势。

国外很早就在开发利用水热型地热能，如美国、日本、欧洲等国家和地区很早就实施了水热型地热能供暖的实际工程。我国水热型地热能开发利用起步较晚，但得益于我国水热型地热能巨大的储量以及能源转型的迫切需求，近年来我国水热型地热能的开发利用面积迅速增长。

水热型地热能的利用方式主要有两种。第一种方法是直接采用地热井从地下提取高温地热水进行梯级换热利用，待地热水温度降低后再回灌到地下。这种方式称为水热型地热能的开式利用。第二种方法是利用深井地埋管换热器加热管内循环流体，连接热泵机组进行使用。由于这种方式循环流体不与地下热储层直接接触，也称为水热型地热能的闭式利用。

水热型地热能是我国目前主要开发利用的资源，主要热源来自地下水和蒸汽，按照温度的不同可以分为低温（90 ℃以下）、中温（90 ～ 150 ℃）和高温（150 ℃以上）。水热型中低温地热资源量折合标准煤 12300 亿 t，在 18.65 亿 t 标准煤的可开采资源量中，有 95% 以上的资源量为中低温水热型地热能，折合标准煤约 17 亿 t。中低温水热型地热能可以直接利用，如供暖、旅游、种植等，主要分布在华北平原、苏北平原、江汉平原、松辽盆地、四川盆地等平原盆地地区，以及西藏南部、四川西部、云南西部、东南沿海、胶东半岛、辽东半岛等地区，涵盖山东、江苏、湖北、四川、黑龙江、吉林、辽宁、西藏、云南、上海、浙江、福建、广东、广西等多个省市。高温水热型地热能资源量折合标准煤 141 亿 t，可开采资源量折合标准煤 0.81 亿 t。高温水热型地热能可以用来发电和工业利用，如果梯级利用技术得到高效开发，高温水热型地热能可以满足四川西部、西藏南部约 50% 的人口用电和供暖需求。高温水热型地热能主要分布在藏南、滇西、川西等西南地区，涵盖西藏、四川、云南等多个省份。

（二）水热型地热能利用研究现状

开式利用是早期水热型地热能的主要利用方式，使用方便，换热功率高。1975—1982 年，美国奥本大学和明尼苏达州立大学对中深层承压热储层供暖系统实际工程进行了研究，结合其整个项目的运行数据分析得出：地热井所在热储层的各项水文地质参数的差异是影响热储层储能的主要因素，在考虑自然对流的工况下，热干扰对热储层储能影响比热扩散更加显著。有部分学者研究了不同模式下中深层热储层储能系统热回收效率的变化规律，提出了热回收效率同瑞利数之间的关系，证明了瑞利数作为热工性能指标的可行性，并给出了热工性能指标的定义和数学表达式。通过研究分析得出中深层热储层储热系统具有较高的热回收效率，即系统的储热效率较高，一般在 60% ～ 80%。

有学者通过使用数值模拟软件研究了中深层地热能开式系统在不发生热突破现象的前提下的传热性能，并利用现场实验进行验证，分析了不同抽灌量、井间距对中深层地热水供暖系统的传热效率，并对中深层地热水供暖系数进行了对比分析。哈尔滨工业大学的研究者对同井回灌深层地热水供暖系统的储能特性进行了研究，用不同的实验对所建模型进行验证，分析了抽、灌同井和单井循环两种不同形式系统的储能情况，得出抽、灌同井比单井循环的季节性储能现象严重，当累积负荷不平衡时，会导致源汇井效率变低，影响储能效果。吉林大学的研究者建立了地下抽回灌井耦合模型，并利用加拿大实验基地的现场试验验证了所建数学模型的正确性，通过数值模拟，从水力学的角度分析了水动力场的变化机理及其对温度场的影响。河北工程大学的研究者对中深层地热取热系统及其传热模型进行了研究，分别勘查了西安和邯郸两个区域的地质结构，基于岩土（石）层的传热规律，建立了地下热储层的传热模型，探究了地下传热的影响因素。

山东建筑大学的研究者针对热储层可能发生的热突破现象，推导得出了出现热突破的时间与地下热储层厚度、地热水开采量以及抽、灌井距离之间的函数关系。通过数值模拟，深入研究探讨了抽、灌井布置方式，热储层水文地质参数，地热水自然渗流强度以及热负荷等因素对热突破现象的影响。其结果表明：热储层的厚度越大，岩土体的密度越大，越不易发生热突破；当建筑热负荷保持恒定时，地热水的开采量越小，抽水井和回灌井之间的距离越大，热水供暖系统发生热突破的时间明显推迟。同时，该研究者利用“火积耗散”理论，改善了深层地热水供暖系统的传热效率，针对主要设备选型提出了不同的运行方案，研究分析了深层地热水供暖系统的优化策略，并通过山东菏泽的示范工程验证了提出的地热梯级利用的优化技术原则和策略的可行性。研究表明：以特定条件下火积耗散最小作为深层地热水供暖系统的优化原则，当换热器冷热流体热容量越大，进出口温差越大，火积耗散越小时，系统的传热效率越高。

国内外的研究表明，虽然水热型地热能回灌利用方式具有换热量高、成本低等优点，但是这种方式往往难以进行有效的回灌，甚至引发一些严重的地震问题和地面沉降问题。例如，我国天津市曾蕴含大量的地热水资源，由于过度对地热水资源的开发，导致地面出现了不同程度的沉降问题，部分区域的下沉高度甚至超过了 1 m。另外，设备的腐蚀和结垢是影响地热水直接利用效率的重要因素。在深层热储层的高温、高压环境下，在地热水的回灌过程中，不同的压力和温度的变化会导致不同矿物质的溶解和沉淀，这些沉淀物会附着在系统组件的表面，对组件具有一定的腐蚀作用，从而使系统的传热效率降低、系统能耗增加、使用寿命缩短。

面对出现的问题，很多地区已经限制直接抽取地热水进行利用。改进水热型地热能开发利用技术，在“取热不取水”的指导原则下，闭式深井换热器热泵系统逐渐成为水热型地热能利用的主要形式。这种闭式系统是对水热型地热能的间接利用，通过循环介质在套管式地埋管换热器内的流动过程完成与周围热储层热量的交换，从而达到为建筑物供暖的目的。

三、干热岩型地热能

（一）干热岩型地热能概述

干热岩型地热能分布广、潜力大，是传统化石能源转型的新机遇，也是国家绿色低碳发展的潜在着力点之一。干热岩是指埋深位于 3 ～ 10 km、温度高于 180 ℃、含有少量或不含水的低渗岩体。干热岩的储量巨大，但目前其开发利用成本高、技术欠成熟、投资风险高，各国仍处在开发利用的初级阶段，成熟的开发利用案例较少。我国干热岩型地热能储量丰富，资源量为 2.52×10^{25} J，合 856 万亿 t 标煤，约占世界资源总量的 1/6。其中，3 ～ 5 km 深干热岩资源约为 150 万亿 t 标煤，为我国化石能源总量的 80 倍。按 2‰ 资源开采量计算，3 ～ 5 km 干热岩型地热能即可贡献“碳中和”减排目标的 17.7%，开发潜力巨大。实现干热岩型地热能的高效开发利用，对于改善我国能源结构、减少温室气体排放和控制环境污染具有重大意义。

中国地域辽阔，地热能源丰富，虽然我国在春秋时期便拥有利用地热能源的记录，用于传统的洗浴、养殖等。但是，地热能源主要为水热型地热能，对处于 3 ～ 10 km 的干热岩能源利用较少，利用深层干热岩发电的占比更小。据估算，我国干热岩型地热能占全国地热能源的 50% 以上，储量巨大，可开采的资源量如图 1–5 所示，占全球地热能源的 7.9% 左右。虽然我国干热岩能源丰富，但是由于特殊的地质构造，在太平洋、菲律宾、印度几大板块的挤压中，东北松辽盆地、云南腾冲、东南沿海、华北地区、青藏高原等地区地质比较活跃，干热岩能源较丰富，成为我国干热岩研究的首选区域。如表 1–2 所示，为我国（不含港澳台地区）干热岩型地热能主要分布区和资源量。

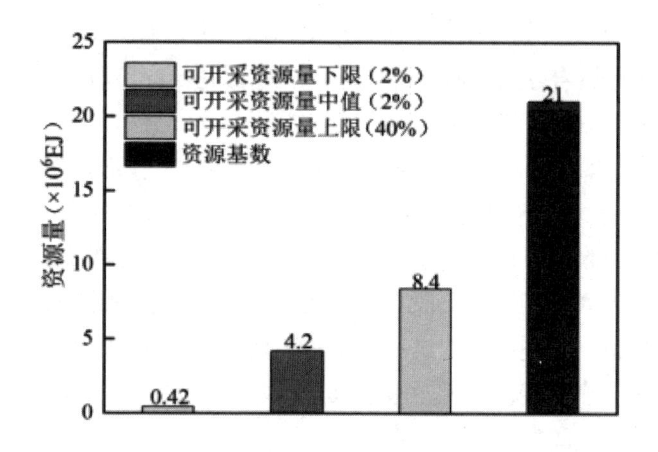

图 1–5　我国干热岩型地热能可开采的资源量估算图

表 1–2　我国干热岩型地热能主要分布区和资源量

地热区	资源基数总量（100%）		可采资源量下限（2%）		占资源总量的百分比（%）
	地热能（$\times 10^6$ EJ）	折标准煤（$\times 10^{12}$ t）	地热能（$\times 10^6$ EJ）	折标准煤（$\times 10^{12}$ t）	
全国	21.0	714.9	0.42	14.3	100
东北	1.08	37.0	0.02	0.74	5.2
云南	0.83	28.1	0.02	0.56	3.9
东南	1.73	58.9	0.03	1.18	8.2
华北	1.81	61.7	0.04	1.23	8.6
青藏	4.31	146.8	0.09	2.94	20.5

注：1 ET=10^{18} J。

我国干热岩能源虽储量大、分布广，但是对干热岩的研究才刚刚起步，仍然处于理论研究阶段。1970 年，我国首座 300 kW 的地热电站在广东省动工，并且试验发电成功。后来又在我国东部江西、河北、山东等省相继建成了 6 座 100 ～ 300 kW 电站，用以开发热泉。1977 年，西藏羊八井地热发电成功，成为我国第一个实现商业级发电的地热项目，至今仍处于运行阶段。全国目前处于运行阶段的还有朗久和丰顺地热站，但是全国地热发电总装机容量基本全部来自西藏羊八井。20 世纪 70 年代后，由于地热发电需要大量的资金和人力，我国基本停止了对干热岩的研究工作，这也使得我国地热能源虽然储量大，约占世界的 7.9%，但是在全世界使用地热进行发电的国家中，我国仅排第 18 位。

“十一五”期间，我国和澳大利亚开始合作，进行有关干热岩型地热资源潜力研究工作，对干热岩方面的研究开始进入立项课题研究阶段。“十二五”期间，中国地调局开始对31个省市区进行干热岩能源调查，分析了我国地热分布特征和开发现状，并初步评价了我国的地热资源量。同期，科技部设立了“863”计划，对开采干热岩的相关技术进行研究。2017年7月，在青海省共和盆地，我国首次在地下3705 m处钻取了温度为236 ℃的干热岩，这对于推动我国干热岩能源的研究从实验室进入现场研究阶段具有重要意义。目前，海南省琼北盆地也在积极筹备干热岩试验，以进一步促进我国干热岩的研究和利用。同时，我国应与各个国家合作开展干热岩能源研究，吸取其他国家在干热岩项目中的经验和教训，共同为建立清洁、低碳的美好世界而努力。

（二）全球典型干热岩型地热源机制

1. 花岗岩放射性生热源

地壳热流指的是由地壳岩石中放射性生热元素（铀、钍、钾）衰变产生的热量，由于酸性岩中生热元素一般较基性岩富集，因此，地壳热流主要来自上地壳花岗岩的放射性元素衰变所产生的热量。

2. 附加岩浆热源

附加岩浆热源是干热岩示范场地中最为常见的热源，国际上众多著名干热岩均与此类热源密切相关。根据岩浆成因的不同，可将附加岩浆热源进一步划分为火山岩浆热源与构造岩浆热源两种，其中前者与近代火山活动密切相关，后者与强烈的构造活动相关联。

（1）火山岩浆热源

世界上很多干热岩示范场地，例如，位于美国新墨西哥州瓦尔斯（Valles）火山口南缘约1 km处的芬顿山（Fenton Hill）项目、米尔福德（Milford）项目与位于日本本州岛山形县圣岩（Hijoiri）火山口南缘的Hijoiri项目是火山岩浆热源的典型代表。强烈的火山活动及其岩浆热效应为火山及邻区大规模地热异常与干热岩的产出奠定了必要条件。

（2）构造岩浆热源

与火山岩浆热源相比，构造岩浆热源则是指岩浆热源的形成主要受控于强烈的构造活动而非火山活动，这类热源多出现于强烈构造活动区。位于青藏高原东北缘的共和盆地恰卜恰干热岩场地为该类热源的典型代表。

（3）深部地幔热源

地幔热流，作为一个重要的深部地球物理参量，能从本质上表征一个地区的深部构造活动性。研究资料表明，地幔热流值越大，一般而言该地区构造就越活跃，如位于我国东部的裂谷型盆地（如渤海湾与松辽盆地地幔热流分别为 40.5 mW/m^2 与 39.9 mW/m^2）具有比中西部克拉通型盆地（如鄂尔多斯盆地与塔里木盆地地幔热流为 26.9 mW/m^2 与 20 mW/m^2）高的地幔热流值。

（三）干热岩型地热能的开发手段

增强型地热系统（Enhanced Geothermal Systems，EGS）是目前开发干热岩的主要手段，原理如图 1–6 所示，即通过水力压裂等方法在高温地层中人工造储，形成裂缝网络沟通注入井和生产井，之后循环工质取热，进行发电和综合利用。干热岩 EGS 已成为国际能源领域的研究热点，美、英、日、法、德等国相继实施了大规模 EGS 地热项目。我国干热岩型地热资源分布广泛，近年来在藏南、滇西、川西、东南沿海等地区相继取得了重大勘探突破，并开始着手建立我国首个干热岩 EGS 示范工程。

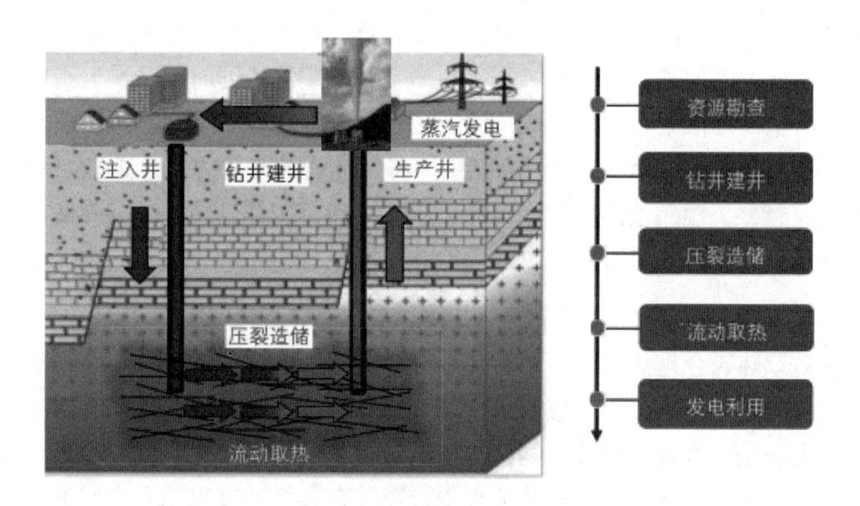

图 1–6 干热岩增强型地热系统示意图

（四）干热岩型地热能开发技术现状

1. 压裂造储

压裂造储是干热岩 EGS 开发的核心步骤，直接决定着干热岩型地热资源开采的成败及整体经济效益。干热岩造储要求形成大规模连通的复杂立体缝网，造缝要求高、改造难度大，注采井沟通困难，油气行业传统的水力压裂技术无法照搬到深层地热开采领域中。

2. 水力压裂

尽管水力压裂技术已成熟应用于油气领域，但由于干热岩储层具有高温、高应力等特点，加大了储层改造的难度和不确定性。不同于油气储层压裂，干热岩水力压裂是基岩形变、流体流动和热量交换的热－流－固多物理场耦合过程，压裂过程受低温流体诱导的热应力与流体静压力共同作用，裂缝起裂和扩展过程相比于传统油气压裂更为复杂。干热岩储层在构造应力和局部断层的影响下通常发育有天然裂缝，利用水力压裂沟通天然裂缝形成相互连通的复杂缝网，是提高 EGS 热储改造体积和工质换热效率的有效途径。

3. 循环压裂

水力压裂诱发地震活动已经成为世界各地 EGS 工程可持续开发的重要限制因素之一。为解决这一问题，有学者提出了利用循环压裂和疲劳水力压裂改造储层的新思路。循环压裂以控制排量为主要特点，即采用交变排量的泵注方式，使岩石不断地经受加载－卸载的过程，在激活天然裂缝的同时，诱导岩石产生大量微裂缝，从而降低干热岩的起裂压力及诱发地震的强度。不同于循环压裂，疲劳水力压裂以压力控制为主，即采用交变 / 脉动压力的泵注方式改造储层，通过不断加载－释放裂缝尖端的应力，诱导岩石产生疲劳破坏，同样具有降低起裂压力和地震风险，提升干热岩储层改造效果的作用。

4. 流动取热

高效取热、合理优化是深部地热经济高效开采的重要保证。干热岩开采涉及多场（温度、应力、位移 / 应变）、多相（气、液、固）、多过程（渗流、热传导、应力演化、水岩反应等）耦合，气液运移、热传导和化学反应会影响干热岩热储变形和岩体强度特征，取热过程受控于其在多场多过程耦合作用下跨尺度的物理 / 力学 / 化学机制，EGS 取热面临以下两个方面的挑战。

①场耦合传热机制不清，热储取热优化难、效率低。热储内工质高效取热是干热岩开发的根本目标。然而，不同于油气储层，地热开采伴随着剧烈的温度场扰动和水岩反应（矿物溶解 / 沉淀），涉及热－流－固－化四场耦合，如图 1–7 所示，多场耦合作用下地层渗流和热交换机制复杂，为取热效率预测和优化带来了挑战。

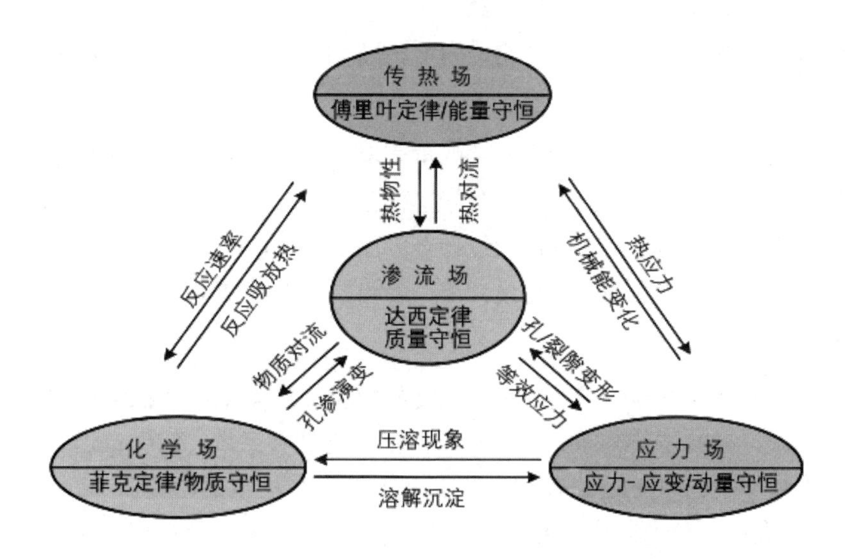

图 1–7 热储取热过程热 – 流 – 固 – 化四场耦合关系

②注采参数难匹配，开采调控缺乏依据、寿命短。合理的开采制度是干热岩长效开发的重要保证。然而，热储长期注采过程中多场时空演化规律复杂，目前缺乏多目标优化设计方法，导致注采参数难匹配，开采过程容易形成“优势通道”。

（五）干热岩型地热能开发技术发展方向

1. 岩体表征

获得岩体原位物理力学特性是干热岩 EGS 的工程基础。围绕高温储层岩体物理力学变化规律与表征方法，重点开展干热岩体精细表征、物理力学特性和动态损伤本构模型等方面研究，创新发展干热岩“力热声震流”原位物理力学特性表征技术，形成具有原创性的深部高温干热岩体力学理论，为 EGS 建井、造储和取热提供岩石力学理论基础。

2. 钻井建井

安全高效成井是干热岩型地热资源经济开采的前提条件。以“抗钻特性—破岩机理—清岩方法—固井工艺”为主线，开展高温高压下岩石可钻性评价、轴 – 扭耦合破岩机理、抗高温钻井液及井筒携岩规律、耐温 / 隔热水泥浆体系及水泥石强度防衰退方法等方面研究，重点开展轴 – 扭耦合冲击破岩、异形齿个性化钻头等高效破岩新方法探索，突破高温高压下岩石破碎动态力学响应机理，建立一套干热岩高效破岩和安全成井理论，为干热岩 EGS 提供安全优质的注采通道。

3. 集成调控

取热调控是干热岩长效均衡开采的重要保证。围绕注采过程中热储多场时空演变规律与流动调控方法，开展干热岩三维精细化地质建模、热储缝网演化特征、四维层析成像技术和开发方案优化设计等方面研究，重点突破“透明”干热岩热储建模技术，形成开发方案优化设计和综合调控方法，保障能源长效稳定开采。

4. 激光破岩

在干热岩钻井过程中，随着钻进深度的增加，井眼尺寸不断减小。针对实际钻井中井眼口径的不同需求，应采用不同的激光钻井系统，200 mm 口径及以上的大井眼和 50 ～ 200 mm 口径的小井眼应分别设计激光钻井系统。

（1）大井眼激光钻井系统

基于激光破岩的激光钻井技术目前尚未进行实际的开发应用，但是针对其功能和性能需求，可以传统钻井技术为基础，并结合钻井新技术进行设计。如图 1–8 所示，大井眼激光钻井系统包括地面系统和井下系统两部分。地面系统需进行能源供应，可由电网提供或者采用大马力发电设备，同时还需要高压气体装置、柔性连续管盘机以及集中控制系统。

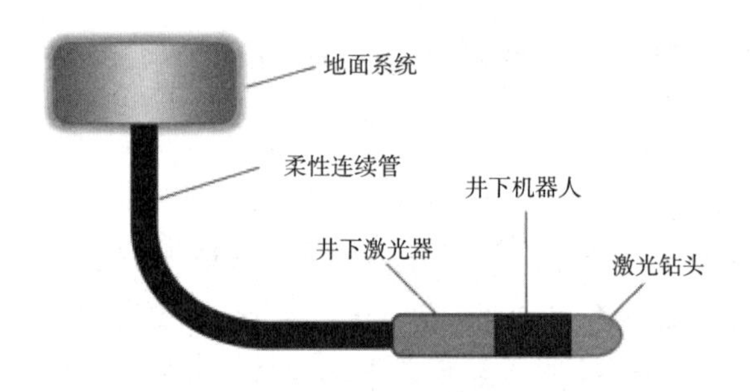

图 1–8　大井眼激光钻井系统

（2）小井眼激光钻井系统

针对超深井小井眼的需求，小尺寸对于井下激光器是非常大的挑战，现有技术水平难以实现。在实际钻井中，小井眼是大井眼的延伸，其长度也就是数百米，因而，可在大井眼激光钻井系统的基础上进行改进，设计小井眼激光钻井系统，如图 1–23 所示。

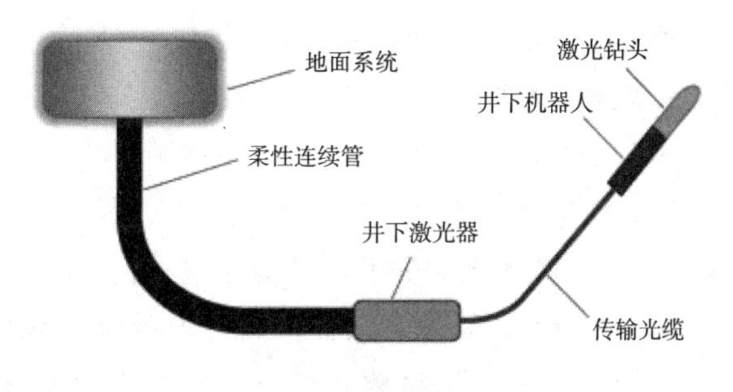

图 1-9　小井眼激光钻井系统

第四节　地热能源开发利用战略的提出

一、我国地热能源开发利用外部环境分析

从能源角度来看，地球内热形成的地热能是具有竞争力的可再生能源，其开发利用具有低成本、可持续利用和环保等其他能源不可比拟的独特优点，近 50 年来在应对能源危机、温室效应、能源结构转型等方面发挥了积极作用，已成为全球各国新能源领域的重要拓展方向。

中国在经历 20 世纪 60 年代温泉疗养、70 年代石油危机替代能源普查、80 年代地热发电能源化利用、90 年代地热供暖市场化勘查开发等多个阶段后，地热能探测和开发利用趋于稳定化和温和化。2016 年以来，随着环境保护理念深入人心，低碳化、无碳化成为世界未来能源的发展趋势，具有清洁、可再生优点的地热能再次被寄予厚望。

根据产业经济学的观点，任何产业的发展总是发生在特定的环境之中的。它不仅要从外界环境中获得发展所需的能量，同时也会对外界环境产生反作用。为了认识产业发展的环境，学术界及管理咨询机构发展出了各种各样的分析工具，其中以 PESTEL 分析的应用范围最为广泛。PESTEL 的六个字母分别代表着 Political（政治因素）、Economic（经济因素）、Social（社会因素）、Technological（技术因素）、Environmental（环境因素）、Legal（法律因素）。下面将逐一分析这些因素如何影响地热产业的发展。

（一）地热产业发展的政治因素

政治因素主要是指具有实际及潜在影响的权力、相关政策、部门规章制度等。

1. 国家政策角度的地热能产业发展政治因素分析

改革开放以来，我国政治体制改革不断深入，社会秩序趋于稳定。近年来，在以习近平同志为核心的党中央坚强领导下，在全国范围内形成了风清气正的政治环境，为各行各业的发展提供了有力的政治环境支撑。中央政府高度关注能源事业的发展。近年来，与地热产业相关的发展政策相继出台。在产业发展规划上，先后出台了《关于加快浅层地热能开发利用促进北方采暖地区燃煤减量替代的通知》（发改环资〔2017〕2278号）等重要政策文件：在产业投融资方面，也出台了相关的指导性文件，为解决地热产业的融资问题提供了良好的政策保障；从区域经济空间结构的角度来看，也针对不同地区的地热资源赋存特点及能源消费特征制定了相应的政策及制度。但应当注意的是，国家政策层面也存在着一些局限性因素。

①中央政府在国家政策制定方面的着眼点在于"全国一盘棋"。地热产业仅仅是新能源产业的一个组成部分，影响范围相对有限。因此，地热产业的发展要依靠国家政策的支持，但绝不能忽视市场竞争力的提升。此外，在全球化时代，地热能产业发展的政治环境还需要立足世界格局进行考察。再考虑复杂的周边环境，地热产业如何发展以及向哪个方向发展的问题都值得引起研究者重视。

②与美国、德国、日本等发达国家相比，我国资源税和环境税等方面存在政策缺失，新能源开发利用在环境、资源等方面的"外部收益"没有得到充分重视。在现行的企业会计制度框架下，地热类新能源的效益与巨额投资相比，回报率并不突出，还不具备与传统能源竞争的能力。就本质而言，这是市场力量局限性的一种表现。因此，政府可以考虑将新能源定位为准公共产品，采取各类扶持手段推动其发展。同时，对地热类新能源产业的评价应当以社会效益最大化为标准，不能单纯地考虑经济效益。

2. 地方政府角度的地热产业发展政治因素分析

受GDP考核、政绩、政治声誉等因素的驱动，地方政府对产业经济的发展具有强大的动力，这为经济增长方式转型、产业结构调整等提供了地方性的政策支持。同时，近年来，随着习近平总书记"绿水青山就是金山银山"治理观念的深入贯彻，环境治理得到了各级地方政府的高度重视。相应地，许多地方政府也都制定了推动清洁能源事业发展的政策，这为地热产业的发展提供了有力的支撑。此外，地方政府创新是推动我国社会现代化治理的动力源与突破口。在产业发展方面，地方政府创新同样可以提供政策制度、财税金融、管理及人力资本等方面的有力支持。

地方政府角度的地热产业发展政治环境也有其局限性，主要表现在：①地方政府治理现代化的进程还不完善，在产业管理方面可能存在短视、过度干预、权力寻租等问题；②产业管理是地方政府职能的一个组成部分，在这方面的战略性规划可能存在目标函数不清晰、路径模糊、约束条件多等问题；③我国政治经济体制改革已经进入攻坚阶段，地方政府与地热企业及有关社会组织之间存在复杂的力量博弈关系，可能会给地热产业的高质量发展构成严重阻力。

3. 行业管理体制角度的地热产业发展政治因素分析

目前，我国已经初步建立起地热资源管理制度体系，为地热资源勘查开发利用的整体秩序提供了可靠保障。根据国内学者的研究，我国地热产业处于产业生命周期的成长阶段，政府在这一领域的管理体制同样处于探索期，尚存在着不少问题。一方面，地热产业的行政管理权限分设在国土资源、地质矿产、水利、城建等诸多部门。在现实中，这些部门按照各自职责共同管理造成了政出多门、政令不一的现象，给地热产业的发展造成了不同程度的制约。另一方面，管理不规范的问题客观存在，如政策落实不到位、产业发展资金挪用、支持力度不足等。正因如此，国内的地热开发利用难以形成连续稳定的市场需求，形成符合市场经济要求的良性发展机制还需要下大功夫理顺行业管理体制。

由于可替代能源多元化发展的格局已经形成，各地能源供应相对充分，地方政府对地热资源的开发利用需求不强烈，通过减税降费扶持地热产业的愿望不强。不仅如此，面对地热发展中出现的问题，地方政府倾向于采取更加严苛的管理。

（二）地热产业发展的经济因素

经济因素主要是指经济发展情况、经济结构、产业布局、资源状况、经济发展水平及经济发展整体趋势等。

1. 经济发展角度的地热产业发展经济因素分析

从经济发展的角度来看，地热产业的发展面临宝贵机遇。一方面，我国国民经济持续健康发展，人均 GDP 连续实现突破，初步进入了年人创 GDP 达 1 万美元的国家行列。同时，供给侧结构性改革、经济结构调整、产业转型升级已经成为社会各界的共识，这不仅为地热产业的发展提供了有利的外部条件，同时也提供了丰富的运作空间和一定的试错空间。另一方面随着“一带一路”“京津冀协同发展”“粤港澳大湾区建设”等倡议和国家决策部署的落地，我国不同区域的经济发展协同效应将逐步显现，整体上的生产力布局也将持续优化。在这一过程中，经济结构的调整、产能的优胜劣汰和产业布局的持续优化必然会给地热产业的发展创造良好机遇。

2. 能源消费规模角度的地热产业发展经济因素分析

从能源消费规模的角度来看，地热产业的发展有着巨大潜力。能源是人类文明的重要推动力，也是各个产业发展不可或缺的动力源。改革开放以来，经济的快速发展推动能源消费规模连年增加，2010 年我国就已经成为世界上最大的能源消费国。根据国内知名咨询机构艾瑞咨询发布的数据，2002 年至 2019 年，我国能源消费规模的复合增长率超过 12%，到 2050 年，我国的人均能源消费量将达到发达国家水平。彼时我国将实现能源消费与经济增长的高度耦合，这就要求大大提高节能强度与能源结构转型的力度。尤其值得注意的是，在能源消费结构中，石油、煤炭等一能源的消费规模增长率持续走低，而风能、核能、地热能等可再生能源的消费规模则持续快速上升。

3. 消费市场特征角度的地热产业发展经济因素分析

从消费市场特征的角度来看，地热产业的发展还需要精耕细作。从消费模式的角度来看，我国能源消费市场特征表现为规模大、品种全、质量持续改进；从地区差异的角度来看，城镇居民和农村居民的人均能源消费量都保持了快速增长的势头，前者与后者的比例长期保持在 1.5 ： 1 左右的水平。考虑到农村的庞大人口基数，其能源消费存在巨大潜力；从利用效率的角度来看，能源消费量增长率与经济增长率之间的相对变动关系不断得到改善，为能源消费的结构转型提供了有力支撑；从未来趋势的角度来看，由于生态和环境保护的双重约束，集约节约利用将成为能源市场消费的主流方向。

（三）地热产业发展的社会因素

社会因素主要是指社会及其成员的价值观念、历史发展、文化传统、教育水平以及风俗习惯等。

1. 地热能产业发展社会因素方面的优势

①随着社会经济的持续发展和居民可支配收入的逐年增加，社会公众的生活方式也在不断进化升级。“煤改气”“清洁供暖”逐渐成为居民生活的热点词汇。地热能有望成为局部地区“煤改电”和“煤改气”的有益补充，这为地热产业的发展提供了广阔的空间。

②近年来，习近平总书记强调的“绿水青山就是金山银山”已经成为社会共

识，人们对环境污染的容忍度越来越低，对环境及生态保护问题则越来越重视。考虑到全国供热需求的快速增长及华北等地区地热资源与雾霾重灾区重合等现实问题，发展地热能事业势在必行。

③ 14 亿多人口所形成的庞大内需市场为地热产业的发展提供了极强的战略纵深，行业发展的“蓝海”将创造规模极大的需求拉动。

④地热产业的发展受到社会各界的重视，出现了一批由企业、高等院校、科研院所、社会中介组织等多方力量组成的地热发展产业联盟机构，这必然会极大地推动地热产业的高质量发展。

2. 地热产业发展社会因素方面的局限

①在多数高等院校，地热专业还没有成为正式专业，这导致专业人才培养体制不够完善，可能影响产业的长期可持续发展。

②社会居民在传统能源及其他类型新能源方面形成了相对稳固的消费习惯，市场渗透存在一定压力。

③由于相关宣传工作不到位，社会居民对能源消费的认识还有待改进。也就是说，目前存在社会居民在能源消费方面对价格敏感但对能源背后的矿产资源消耗不敏感、浪费问题没有得到深入解决、对清洁能源的认识不够深入等认知局限。

（四）地热产业发展的技术因素

技术要素包含两个部分，一是引起革命性变化的发明，二是新技术、新工艺、新材料的出现、应用情况及未来发展趋势。

1. 地热产业发展技术因素方面的优势

①地热发电、直接利用和地热泵等行业关键技术受到企业的高度重视，对其原理的剖析得到相关科研院所的大力支持，技术攻关方面不断取得突破。

② 5G、人工智能等前沿技术快速发展，不仅丰富了地热产业的应用场景，同时也为产业的整体发展提供了有力的驱动。

③在“能源互联网”理念的推动下，地热类新能源的生产与应用将实现智能化匹配和协同运行。这就能够使地热产业以新业态的方式参与电力市场的竞争，形成高效清洁的能源利用新载体。

2. 地热产业发展技术因素方面的局限

地热资源开发、直接利用及设备研发等方面还存在诸多难题，如勘探钻井、砂岩回灌等。在一些关键设备上，对进口产品的依赖程度还比较高。

②地热产业的广阔前景引起了一些机构的注意，进入这一领域的资金规模不断扩大。但是，一些新进入者存在功利主义心态，在技术方面缺乏扎实的资源投入。

③从国际范围来看，地热能源开发利用具有知识密集的特点，对其技术发展趋势的把握是一项巨大的挑战。如果不能占领技术发展的制高点，地热产业的高质量发展也会受到严重制约。

中国地热利用方式之所以长期粗放，与缺乏高水平地热利用技术高度相关。中国直接利用的水热型地热回灌率较低，一个主要原因是不掌握砂岩回灌核心技术，造成环境污染及其他衍生问题；浅层地热利用过程中的热平衡问题同样突出，主要在于地源热泵系统优化运行技术实用程度及便捷化程度不高，影响其大面积推广。总体来看，无论是上游的地热勘探开发还是终端利用，整个地热产业链的核心技术均不同程度地存在“短板”，制约了地热产业开发步伐。

（五）地热产业发展的环境因素

环境因素主要是指特定研究对象的活动、产品或服务中能与环境发生相互作用的要素。

根据国际国内的开发利用经验，地热产业发展对环境的影响比其他工业门类小得多，具体表现在生产过程污染物排放少、地热资源可再生性强、地热应用能耗低等方面。因此，地热产业发展具有环境友好的优势。从目前已有的文献来看，出于环境因素而反对地热能源开发利用的观点还非常罕见。同时，根据国内地热企业及产业咨询机构的调查，社会公众对于地热产业对环境的影响普遍持乐观态度。此外，考虑地热能源开发过程容易对地下水、地表水、大气、土壤产生污染，也有可能引发地质灾害，因此需要采取系统的预防管理措施。

（六）地热产业发展的法律因素

法律因素主要用来指代由法律法规、司法状况、执法水平及公民法律素养所组成的综合系统。

目前，我国地热产业发展的法律依据主要包括《中华人民共和国矿产资源法》《中华人民共和国水法》《中华人民共和国可再生能源法》等。这些法律面向的是矿产资源及各类可再生能源，虽然其运行能够为地热产业的发展提供一定的法律支持，但也存在着诸多不足。例如，根据有关法律，地热资源重点依附的地下水的属性得到了界定，但对于“地下水”和“地热”的法律界定仍然较为模糊，容易造成管理依据不清的现象。在现实中地热企业重复缴纳税费的问题长期没有得到合理解决。再如，在云南、内蒙古等地区，地热资源采矿权方面存在地方行政法规与法律冲突的问题，产权缺失重叠的弊端没有得到解决，权、贵、利主体不明确且管理不协调、不规范的问题长期存在，不利于地热产业发展壮大。

二、我国地热产业发展的驱动与制约因素

（一）我国地热产业发展的驱动因素

产业发展的动力机制是产业经济学的一个研究重点。有学者认为，市场需求和技术进步及两者的交叉影响是产业发展的重要驱动力；也有一些学者利用钻石模型和主成分分析法对具体的产业发展动力因素进行研究。一方面，不同产业的驱动因素应当结合产业发展的具体情况来进行认识；另一方面，产业发展驱动因素的量化分析工具还不够完善，用目前的研究工具来理清微观意义上的驱动因素与整个产业发展之间的数理逻辑关系存在相当大的困难。在此仅对地热产业发展的一些驱动因素进行定性层面的探讨。

1. 生产要素

（1）初级生产要素

地热资源的储量十分丰富，其所蕴含的能量与传统化石能源相比有着数量级上的巨大优势。如果能够充分利用地热这种矿产资源，能源消费结构将得到极大的优化调整。正是认识到这一点，地热资源的开发利用越来越引起社会各界的重视。因此，储量丰富、潜能无限的地热资源是地热产业发展的首要驱动因素。此外，庞大的人口基础、劳动力队伍、资金等初级生产要素也为地热产业的发展提供了可靠的动力源。

（2）高级生产要素

改革开放以来，我国社会生产力快速发展，文化软实力也得到了持续提升。世界领先的基础设施建设水平、快速发展的高等教育体系、高层次人才、日新月异的高科技等高级生产要素同样为地热产业的发展提供了有力的支撑和驱动。

2. 特殊的经济体制

在当今世界上，大体存在典型的资本主义经济制度和体制、前资本主义经济制度和体制、传统的社会主义经济制度和中国特色社会主义市场经济体制这四种社会经济发展制度。从中可以发现，我国的经济体制是较为特殊的。它兼具市场经济与社会主义制度之长，为各行各业的发展提供了强大动力。具体到地热能产业，至少可以从以下两个方面来进行认识。

①地热产业链与国计民生息息相关，与整体上的生态环境保护也密切相连。为了实现改变经济增长方式、提高居民生活水平、维护良好生态环境等目标，我国中央及地方各级政府应充分发挥“社会主义制度能够集中力量办大事”的优势，通过政策杠杆刺激地热产业的发展。

②地热能源分布较为分散，终端消费者基本涉及所有社会居民，这为民营企业进入这一产业提供了充分的机会。

3. 产业政策导向

在新常态背景下，我国逐渐从纵向选择性产业政策向横向功能性产业政策转变。可见，随着社会发展阶段的演进及全国层面主导产业的概念消解，我国政府制定的产业政策具有注重营商环境提升、提倡因地制宜的自主发展等倾向。对于地热产业来说，农村煤改、城市旧改、新建区域等方面的政策为地热资源应用场景的拓展提供了更多选择。此外，供给侧结构性改革、发展新能源产业等政策都为地热类新能源产业的发展提供了强有力的政策驱动。

4. 市场需求

从终端市场的角度来看，能源消费领域的电力、供暖等都对地热能源具有强大的需求。仅以采暖为例，在国家的支持与鼓励下，各地采暖补贴政策纷纷出台，随着北方供暖方式的改革优化以及南方清洁采暖市场的不断扩展，消费者选择地热供暖的需求也将水涨船高。

我国地热资源潜力巨大，“十三五”期间我国地热能源直接利用位居世界第一。但由于前期勘探开发资料不详实、不系统，激励机制不健全，管理部门交叉，专业人才匮乏等问题阻碍了地热能的发展，亟须建立健全地热能管理体制，明确管理权限，建立地热田勘探开发数据库以及加强人才的培养，从根本上助力我国地热能源发展，“十四五”期间我国深化北方地区和夏热冬冷地区的清洁供暖保障，加大油田地区的石油热能的利用，加强地热能源在能源结构转型中的贡献，此外借助“一带一路”倡议的机遇，将地热发电业务“引进来，走出去”，助推我国地热产业走向国际化发展的舞台。

（二）我国地热产业发展的制约因素

早在 2006 年就有研究者注意到了地热产业发展所面临的一些限制性因素，如技术、设备制造、资源底数不清以及资金支持力度不足等。时至今日，地热产业的发展也远非顺风顺水，制约因素依然存在且难以解决。

1. 管理体制

目前，我国地热产业发展的行业管理体制是较为复杂的。从管理主体的角度，能源、地质、水利等职能部门及各级政府都有一定的管理权限。同时，国际层面地热中心及各省市的地热协会都已经成立。但是，从整体上来看，管理关系并未理顺，职能交叉、责任边界不清晰、工作流程不明确等现象客观存在，影响了地热产业的效率提升。同时，在产业资金扶助方面，也存在规模不到位、供需不匹配、挪用甚至贪污腐败等问题。

2. 技术水平

我国地热技术就总体而言有成熟的一面，但开发利用的关键技术还没有取得核心性突破。同时，地热产业相关的中低温高效发电、热泵核心部件、高效换热、防腐防垢等技术装备对进口的依赖程度依然比较高。这不仅制约了地热资源的开发利用，还对环境造成了一定程度的污染，对整个产业的可持续发展也较为不利。

3. 融资成本

从目前的情况来看，地热企业规模普遍较小，绝大多数不具备在资本市场发行股票进行融资的能力，再加上整个产业的投融资体制尚不完善，造成了融资难、融资贵的难题。这必然会影响地热企业在各方面的生产性投入，在整体上甚至会拖累地热产业的高质量发展。

三、我国地热能源的开发利用战略

本节下面结合系统理论，阐述地热产业发展的系统结构、系统机制、系统特点，同时根据可持续发展理论，分析地热产业发展的系统目标，从而形成我国地热能源的开发利用战略。

（一）地热产业链

地热产业链是地热资源通过勘查评价、钻井成井等过程不断向下游产业转移直至作为最终消费产业的路径。地热产业链较长，包含前期勘探开发、资源评价、研发、生产、消费等环节。随着地热资源的开发与利用，地热产业链对其他产业链发展的直接拉动作用主要表现在地热供暖（制冷）将形成地热勘探、地热泵、管材等发展潜力大的产业链。

1. 产业链上游

地热资源的勘探评价技术是整条产业链的初始供给与核心。当前地热资源勘探方法主要有电法、大地磁法、地热钻探法、地球物理化学勘探法等，其中，主要涉及地球物理化学仪器、遥感技术设备、地热钻探设备等。地热勘查技术的实施主要依靠地质调查局、国家地热能中心等科研机构。

2. 产业链中游

钻井成本较高，市场份额较为集中。工程技术服务包括钻井设计、压裂服务、井口装置设计施工等。核心设备包括钻井稳定器、压裂设备、井口装置等。与一般制造行业不同，地热钻井产品只能用于钻井生产工作，具有高度的资产专用性。这就意味着地热产业投资具有较高的沉没成本。

3. 产业链下游

产业链下游主要是浅层地热利用和水热型地热利用。工程技术服务主要包括地源热泵系统的销售、安装、运营、维护，地面工程的设计施工等。在浅层地热供暖方面，主要涉及螺杆压缩机、蒸发器、冷凝器、地源热泵等，在水热型地热供暖方面，主要涉及换热器等设备，“井下换热”“采灌均衡”是水热型地热供暖的核心技术。

（二）地热产业发展的系统结构

地热产业系统是由多个子系统、多个元素有机结合在一起，它们相互作用相互影响，从而形成地热产业系统的结构特征。地热产业系统中各个子系统与各个元素都有可能会对地热产业系统的组织结构带来影响。因此在确定地热产业发展的内涵之后，分析地热产业系统的结构就成为必然。

地热产业由上、中、下游组成，地热产业上游勘探评价直接影响地热产业中游钻井完井，同时传导到地热产业下游产业，直接影响水热型地热利用和浅层地热利用，最终影响消费者。在地热产业上中下游，由上游产业逐渐向下游传导，最终影响消费者，同时，地热产业与社会经济、能源环境系统相互作用，相互影响，形成一个有机的整体，实现社会发展、经济增长、生态环境保护等方面的功能需求服务。地热产业在不断发展演变，它由不同的子系统、不同的元素组成，是一个复杂的系统。

地热产业发展的系统结构主要包括以下几方面：第一，社会经济子系统，地热产业的发展是社会经济发展的必然趋势，同时地热产业又促进社会经济的发展；第二，能源环境子系统，地热资源是清洁的可再生能源，具有能源的属性，地热资源勘探开发促进了人类对能源的利用，同时人类对化石能源消耗带来的污染又迫使人类向地热等可再生能源利用转变，地热产业与能源环境子系统相互影响，促进能源的替代和环境的保护；第三，政策子系统，国家和地方政府通过对区域的地热资源开发利用的规划，引导地热产业的持续化发展；第四，地热子系统，地热产业上、中、下游之间相互作用互相影响，形成地热产业子系统。地热产业各子系统之间存在相互作用影响，地热资源开发利用与社会、经济、能源、环境、政策组成复杂的系统，相互影响，相互作用，促进地热产业的持续发展，为区域的可持续发展提出发展方向。

地热资源开发利用的最大优势是稳定性，不受季节变化和天气影响。在风力资源、太阳能资源、地热资源同时具备的地方，通过发展“地热 +”模式的可再生能源协调应用系统，可以弥补风力发电、太阳能发电、水力发电供应间歇性的不足。发展地热产业的方向应肯定，总体开发利用思路应是热电并举，先热后电，综合利用，效率为先。从资源利用的次序看，近中期优先发展供热，于住宅供暖、温泉旅游、养殖、工业领域；中长期随着地热发电技术的成熟，可适时发展地热发电产业。资源利用方式应追求高效，在热电利用的基础上，努力形成“地热 +”多种新能源协同发展模式；以地热资源梯级利用为导向，通过工艺改造和创新，改变地热发电、地热供暖的传统设计方法，实现高低温逐级利用，最大限度地提高地热资源开发利用的经济价值。

（三）地热产业发展的系统机制

地热产业发展由社会经济、能源环境等子系统组成，社会子系统受人类行为的影响，经济子系统受人类经济活动的影响，社会子系统和经济子系统都是意识层面的内容；能源子系统为人类活动提供必要的资源，同时又约束着人类行为，环境子系统制约着人类活动，能源与环境子系统是物质层面的内容；技术水平是地热产业发展的内在动力，实现不同子系统的协调与整合。社会经济的发展推动着人们对地热资源的巨大需求，直接引导着地热产业发展；同时，地热产业的发展带动社会经济的发展并推动技术进步，促进能源替代与生态环境保护，从而实现资源的有效利用，使得整个系统处于可持续状态。

要明确地热产业发展的内在运行机制，首先需要明确系统的动因。在地热产业系统中，社会发展需求、经济发展需求、资源环境保护需求激发了人类对地热产业需求的增大。能源禀赋是人类生产活动中必不可少的物质基础条件，由此构成了能源子系统，同时人类生产活动以及能源的开发利用过程中会产生二氧化碳的排放，地热产业可以提高二氧化碳的减排效益。可以看出，地热产业系统涉及社会、经济、资源、能源、环境等方面，各个系统之间相互影响，协调发展。地热产业发展是在能源替代和生态环境保护的前提下，实现持续性满足当代人需求又不影响后代人的发展方式。

（四）地热产业发展的系统特点

1. 整体性

地热产业发展涉及勘探评价、钻井完井、浅层地热利用、水热型地热利用等多个系统，为了实现区域可持续发展目标，地热产业系统与经济系统、环境系统及能源系统相互联系相互影响，体现了地热产业发展的整体性特点。

2. 动态性

系统的活动是动态的，系统的一定功能和目的，是通过与环境进行物质、能量、信息的交流实现的。系统的过程是动态的，在地热产业系统中，经济增长、人口增加都会随着时间带动相应关联系统的动态变化。可持续发展需要实现经济效益、社会效益、生态环境效益的有机统一。可持续发展是社会、经济、环境三个方面交集面不断扩大、不断融合平衡发展的发展观，是动态演变的一种过程。

3. 协调性

地热产业发展政策涉及经济、社会、资源、环境等诸多要素。环境与资源是经济发展的必要基础和条件，并与经济系统相结合形成一个有机的整体，它们之间相互依赖、相互制约，是一个复杂的、存在利益冲突的系统，因此需要协调。协调存在于系统之中，系统是相互作用和相互依赖的若干组成部分合成的具有特定功能的有机整体。

4. 开放性

地热产业系统是一个开放系统，系统中的各个子系统也是开放系统，向整个核心系统内部子系统及之外的环境开放。地热产业发展是以实现区域可持续发展为目标，满足减少能源消耗和环境污染。地热产业系统的开放性保证了社会经济、能源环境各子系统之间的信息流动。系统的开放性是维持“系统生命”的重要保证，地热产业是以政府为主导的产业。地热产业系统与外部环境维持着系统结构的稳定，同时又不断促进产业发展，实现可持续发展的目标。

（五）地热产业发展的系统目标

从地热产业发展的内在运行机制可以看出，地热产业发展涉及社会经济、能源环境等多个方面，根据可持续发展目标，地热产业的发展既要实现社会进步经济增长，又要实现能源消耗环境污染最小化；地热产业发展既要实现当代人的需求同时对后代人又不造成影响。因此，地热产业发展的系统目标主要包括以下四个：

第一，以减少能源消耗、环境污染为目标的地热产业发展。面对当前环境污染等问题，需要尽快转变能源消费结构，将以化石燃料为核心的经济，转变为以太阳能、风能、地热能等可再生能源为核心的经济，建构零排放的能源经济体系。在地热产业发展中，必须逐步实现地热能源对化石能源的有序替代，从而减少对化石燃料的依赖度，减缓气候的变化，促进区域可持续发展。

第二，以技术进步为核心。技术进步是地热产业发展的内在动力。随着地热产业的发展，地热能源开发利用技术被看作解决能源消费、减少碳排放的核心。随着地热能源利用面积越来越大，积累的经验越来越成熟，地热能源开发利用的成本将会逐渐下降。地热能源开发利用技术的进步促进了可持续发展的需要，是适应经济高质量发展、减少温室气体，防止气候变化的主要途径。

第三，抓好产业配套是方向。应在地热能源开发利用上游、中游、下游的装备生产制造上下功夫，围绕地热勘探、钻探、开发（发电、中浅层地热供热制冷应用、农业智能烘烤、保温设施等）研发制造高效可靠质优的装备。应充分发挥地热能源开发创新平台及重点企业技术优势，鼓励推进技术创新，组建产学研用相结合的技术创新体系，特别是在提高地热能采收率、制冷、供暖效率方面要有突破，推动有关企业研发制造中浅层钻机、分布式中小型地热发电机组、中低温地源热泵等地勘设备、开采装备，进一步壮大清洁能源装备产业。

第四，建立健全机制体制是保障。成立工作协调机制，明确地热能源开发管理部门，完善相关机制体制，规范地热能源勘探开发利用，切实推动解决地热产业发展过程中存在的制度性障碍、政策性问题和关键核心技术，推动各行业主管部门加强联动。完善地热产业发展法规制度，规范地热能源工程开发利用过程中的审批、收费等行为。此外，要强化人才培养，支持高校完善专业设置，为地热产业发展提供人才支撑。

第五节　地热能源开发利用的战略意义

一、经济全球化背景下的绿色转型新机遇

在经济全球化的背景下，产业发展方面的国际合作也成为一种显著的趋势，地热产业当然也不例外。对于地热能源发达的国家来说，通过不同层次的国际合作，可以充分发挥自身的比较优势，并整合全球优势生产要素，使本国地热产业的竞争优势得到固化和增强。同时，一些发展中国家也十分重视地热能源领域的国际性产业合作。例如，肯尼亚通过与中国、冰岛的国际合作获得了地热技术方面的大量援助，奥卡利亚地热田的建设速度比预期30%，实现了对埋深为2200 m的330 ℃水热型地热能的开发利用，为未来的地热产业发展奠定了良好基础。总之，国际合作能够起到吸引外商直接投资及引进先进技术和设备的作用。

制约中国能源转型的关键因素并非资源，而是高质量地进行可再生能源开发的科学技术。如果能够以高度的战略视野积极在地热类新能源领域开展国际性的产业合作，深入学习发达国家能源转型的经验并持续进行科技创新，我国必然会成为能源转型技术研发领域的“领头羊”。此外，对于传统的能源公司来说，地热能源的开发利用将提供收入来源多样化、技术创新升级与绿色转型的机会。

（一）地热产业能源替代与经济增长、生态环境的关系

能源消费是经济增长的助推器，同时也是经济增长的摩擦阻力。能源消费总量的增加直接影响经济的增长，作为生产要素，能源投入激发了资本、劳动等生产要素投入的活力，促使经济规模的扩张，推动了科学技术的进步。能源消费总量的增加也会对经济增长带来负面影响，化石能源的消费增加了空气污染物的排放量，增加了生态环境的压力，造成了污染损失；同时，化石能源的消费又加速了地热等清洁能源对化石能源的替代，减少了温室气体、空气污染物的排放，从而既促进了地热产业的发展，又促进了经济的增长。

（二）地热产业技术与经济增长、能源消费以及生态环境的关系

能源投资是经济增长的基础，能源投资规模直接关系着能源能否稳定、清洁供给。技术进步是地热产业发展的核心和关键，随着技术水平的提高，能源效率不断提高，促进了地热能源的开发利用，同时地热能源的开发利用又必然减少化

石能源的消耗、减少污染物和温室气体的排放，促进能源结构优化和生态环境的提升。

（三）地热产业发展与经济增长、政策导向及生态环境的关系

外部性在能源领域非常典型，化石能源生产成本较低，却造成了大量资源浪费和环境污染，消费过程中也存在低效率使用和环境污染，负外部性明显；而地热等清洁能源的开发利用成本高，却具有节约资源和环境保护的功能，正外部性较大。如果仅仅通过市场机制，地热等清洁能源的成本将在一定时期内一直高于化石能源，直到化石能源资源消耗殆尽或环境压力增加到某个极限。政府的作用就是要通过税收等手段进行干预，通过征税等方式将外部性“成本内部化”或通过税收优惠等政策将外部性“收益内部化”，使化石能源的价格升高或者地热等清洁能源的价格降低，以弥补外部性带来的化石能源与地热等清洁能源价格的差距，改变不平等的市场环境，推动社会积极利用地热等清洁能源。在地热产业发展中发挥政策的驱动作用是必要的，碳税、碳排放权交易、财政补贴等属于产业政策的范畴，政府需要从不同的角度引导地热产业发展。

二、“一带一路”倡议背景下沿线国家合作新前景

自全球金融危机以来，国际经济形势风云变幻，能源与环境问题成为全球焦点议题。从国家层面来看，“一带一路”倡议旨在发展与沿线国家的经济合作伙伴关系，共同打造政治互信、经济融合、文化包容的利益共同体、命运共同体和责任共同体。对于地热产业来说，“一带一路”提供了宝贵的时代机遇和不容错过的机会窗口。我国未来地热产业发展必然是立足国内、面向全球的。

出于对国家能源安全与国民经济发展的考虑，“一带一路”沿线国家对可再生能源的开发利用均高度重视，并对地热类可再生能源的开发利用普遍提出了支持性政策。为了优化能源结构、刺激和规范可再生能源投资市场，“一带一路”沿线国家政府突出的扶持性政策主要如下。

允许采用 BOO（建设拥有运营）或 BOOT（建设 – 拥有 – 经营 – 移交）模式参与其可再生能源投资市场，政府在特许经营权和自主经营权方面，给予外来投资者尽可能多的便利，有利于调动外来投资企业生产创新的积极性。

政府部门按照“成本 + 回报”的方式来购买可再生能源开发利用的产品，同时提供税收优惠政策，如免征海关关税和消费税，免征资源使用费，代征土地且租金低廉等。政府联合国内金融机构提供可再生能源投资项目的收益担保，有效

降低项目风险。除了资本、技术、就业等方面的收益外，地热类可再生能源投资项目还具有良好的气候效应和社会效应，有利于提高“一带一路”沿线国家的生产率并改善居民生活品质，对当地经济的发展与社会进步起到积极的推动作用。在改善东道国能源结构、降低碳排放等方面，地热类可再生能源投资项目也将起到重要作用。因此，“一带一路”沿线国家对地热类可再生能源投资项目有着良好的心理预期。

三、地热能源的开发利用对保护生态环境具有重要作用

地热能源具有资源潜力大、清洁的特点，可减少化石燃料消耗和对生态环境的破坏，对调整能源结构和保护生态环境具有重要作用。地热能源的开发利用可为经济转型和能源革命增加新力量，同时也推动了建筑、环境等相关行业的发展，促进了社会的可持续发展。但目前关于地热产业的支持鼓励政策还不充分，除了国家和地方上的部分补贴外，还需要国家财政支出政策配合优惠税收政策促进地热产业发展。

（一）理论层面

从理论层面看，在社会经济常态发展的形势下，地热产业既能提供能源安全，又承担着二氧化碳减排等环境治理重任。地热产业发展的财税政策研究的理论意义主要表现在以下几点：

第一，以系统理论、可持续理论、公共政策理论为基础，分析地热产业发展的系统结构、系统机制和系统特点，阐述地热产业与社会经济、能源环境、政策等之间的相互关系，通过数理模型解析财政政策对地热产业发展的作用机制，丰富地热产业发展的相关理论。

第二，以系统理论为支撑，重点构建由人口子系统、经济子系统、能源子系统、环境子系统、地热子系统和政策子系统组成的系统动力学模型，引入柯布·道格拉斯生产函数和学习曲线理念，丰富地热产业发展的系统模型研究。

第三，模拟不同财政补贴和税收优惠政策对地热产业发展的影响，综合分析不同的财政补贴和税收政策对地热产业的社会－经济－能源－环境综合效应，实现区域可持续发展，为地热产业发展提供政策量化依据。

（二）现实层面

从现实层面看，2018 年能源消费总量为 464000 万吨标准煤，能源消费占世

界首位，能源供给严重不足，地热产业的发展在未来承担着能源供给与温室气体减排的重任，因此研究不同财税政策对地热产业发展的影响，对促进地热产业可持续发展具有一定的现实意义，具体体现在以下几点：

第一，中国作为负责任的大国，承诺减排任务，因此发展地热这种清洁能源产业是十分重要的。通过不同财税政策的模拟仿真，计算地热产业的减排潜力，这对中国的绿色低碳发展和能源革命有着重要的现实意义。

第二，地热产业发展是促进能源高质量发展的迫切需要，地热产业发展不仅为国家和区域的低碳经济发展提供了依据，而且也为能源革命奠定了基础。地热产业的持续规模发展，有利于优化能源结构，保障能源安全，推进国家和区域的高质量发展。

第三，地热产业的发展需要综合考虑人口、经济、能源、环境的影响，对地热产业的发展不是从产业本身单一的角度来考量的，而是从系统的角度来考虑地热产业的发展对人口、经济、能源、环境的影响，这对区域可持续发展和地热产业发展具有重要的现实意义。

第四，通过系统剖析当前地热产业的政策，模拟分析不同财政补贴政策和税收优惠政策的组合对地热产业发展的影响，为国家和典型区域地热产业发展提供了理论参考，是国家和地区推进能源治理体系和治理能力现代化的体现，同时为国家和典型区域提供了一定的政策制定参考依据。

第二章　地热能源工程开发利用现状

本章分为世界地热能源工程开发利用现状、我国地热能源工程开发利用现状两部分。

第一节　世界地热能源工程开发利用现状

一、美国地热能源工程开发利用现状

美国是全球地热发电最为发达的国家之一。20 世纪 70 年代爆发的石油危机使美国历届政府都高度重视能源安全问题。在此背景下，地热能源的开发利用得到了有力的政策支持并得以平稳发展。

（一）强大的产业底蕴

经过多年的积累，美国在原料供应、生产加工、批发零售、金融保险及科研教育等方面形成了完整的产业体系。这种深厚的底蕴为美国的产业发展提供了有力的支撑。

1. 资源赋存层面的底蕴

从地热能源分布地质条件的角度来看，位于太平洋地热带北部的美国在地热能源赋存方面有着得天独厚的优势。西部的华盛顿州、俄勒冈州、加利福尼亚州均已勘测出巨量的地热能源赋存。在大部分东部地区，也已勘测出丰富的地热能源。根据美国地热协会官方网站发布的数据，美国境内地热发电潜力达到了 300 万 MW 的规模。20 世纪 90 年代美国就开始利用地热能源来发电，目前美国的地热装机容量超过了 3000 MW 的规模，这与其丰富的地热能源赋存是密切相关的。

2. 产业政策层面的底蕴

美国很早就对地热能源开发利用方面的产权进行了清晰的界定。进入 21 世

纪以来，美国对地热能源的开发利用更为重视，出台了与地热能源开发利用相关的一系列法规。除此之外，美国联邦政府及各州政府都出台了相关的政策来刺激企业在对地热勘探、地热钻井、地热开发利用等方面的投入，同时还使用经费支持、示范补贴、优惠贷款、定向担保等优惠政策鼓励私人资本进入地热发电领域。尤其值得指出的是，美国也从公共管理政策层面对地热产业发展提供了有力的支持。例如，为了实现地热能源共享，美国专门设立了国家数据中心；为了加强地热新能源专业人才的培养，美国建立了地热教育专项奖学金。再如，根据美国有关法律，所有地热设施都能够获得 26% 的能源税收抵免。

3. 技术创新层面的底蕴

美国能够成为世界强国，除了军事、政治方面的优势外，多领域的强大技术创新更是功不可没。一旦认定某个产业对于国家及社会经济发展具有战略意义，美国社会各界都会不遗余力地在这一领域进行聚焦式的技术创新。对于地热这一产业，美国对其技术创新也十分关注。

4. 产业组织层面的底蕴

经过两三个世纪的发展，美国产业组织方面已经形成丰厚的积累，具体表现在市场结构控制、企业竞争管控、市场绩效考核等方面。具体到地热产业，产业组织的底蕴可以从三个方面来进行认识，即推动地热产业逐步由劳动密集型和资本密集型向技术（知识）密集型的方向发展、强调商品及服务类型的创新、加强地热产业与其他产业间的技术与市场联系等。

5. 文化软实力层面的底蕴

美国是当今世界强国，这不仅表现在硬实力方面，在文化软实力方面的优势同样十分突出，如鼓励创新、尊重知识产权等。经过多年的积累，美国制造业的强大已经超越了技术和生产层面，转而向管理、品牌、知识产权、生产标准等方面发展。正因如此，美国地热类新能源企业能够在创新之路上越走越远。

（二）明晰的技术发展方向

2018 年 5 月，美国能源部能源效率与可再生能源办公室宣布，将设立一项 1450 万美元的专项基金来加快地热钻井技术的发展。为了将优势能源聚焦于地热钻井技术，该项基金规划了三个主要的研究方向。①减少无进尺时间的技术，具体包括钻探自动化技术、单通完井技术、循环液漏失处理技术、井底钻具总进尺提升技术等。在这些技术的研发过程中，必须重视数据分析与机器学习的渗透应用。②提升钻井进尺速度的技术，具体包括特殊条件的创新型钻进方法、新材料应用技术、震动控制优化技术、钻探效率提升技术等。③地热钻探应用转化模式。通过政策激励、数据共享与资源横向协作，打造能够更好适应地热产业发展需要的新的商业运作模式。从这三个方向的规划中可以看出，美国能源管理机构对地热产业技术的发展不仅关注开发层面，对应用层面也十分重视。近年来，在美国能源管理机构的推动下，钻井进尺速度提升技术有了一定程度的改进，无进尺时间在钻井过程中所占的比例由 70% 下降到了 65%。根据美国能源管理机构的技术发展规划，到 2025 年美国地热钻井时效应当有 100% 的提升，钻井周期的平均进尺速度将在每天 250 m 以上。

（三）多样化的税收优惠政策

为了推动新能源事业的发展，美国联邦政府及有关部门为地热类新能源企业提供了多样化的税收优惠政策，为资本方进入这一市场提供了有力的刺激。具体来说，这些税收优惠政策可以分为以下三种类型。

①加速折旧。新能源项目拥有较高的资金门槛是国际范围内较为普遍的现实。从财务管理的角度来看，折旧期越短，投资者就可以进行更多的税收项目抵扣，从而实现资本成本的降低。按照国际惯例，资产类项目的折旧年限通常在 20 年及以上。美国将地热类新能源项目的资产折旧规定为 5 年，这种加速折旧的方式对资本投资来说无疑是一种重要利好。

②产量的税收扣减。根据最新版的美国联邦税法，利用地热能、风能等清洁能源生产出来的电力在运营的首个10年期间将获得每兆瓦时22美元的税收扣减。

③投资金额的税收扣减。根据最新版的美国联邦税法，所有清洁能源项目的投资税收扣减额自 2017 年 1 月 1 日以后统一调整为 10%。纵观美国地热产业的发展历程可以发现，美国地热资源政策十分丰富。美国推出地热资源评价、财税政策等保障地热产业的可持续发展。

1. 主管机关

20 世纪末，陆续有许多地热资源开发的组织成立，如 1970 年的美国地热资源委员会以及 1977 年美国能源部、地热技术办公室、土地管理局等。美国能源部于 1977 年创立，由原来的能源研究与发展局、联邦能源署及其他有关能源的部门整合而成，其成立的目的是解决能源问题，其职责主要是制定与执行能源相关政策法规，管理能源相关业者以及各类再生能源的探勘、研究、开发与利用。地热技术、探勘、研究、开发与利用的管理即属于美国能源部的管辖范围。地热技术办公室隶属于美国能源部，其职责主要是研发具有创新性与成本竞争力的地热能源生产技术，有效利用美国蕴藏的地热能源，并且与开发业者、学术专家以及能源部的国家实验室合作进行地热能源研究，其研究方向主要有四个，即增强型地热系统、热流与能源结构、低温能源、经济影响工具。土地管理局为美国内政部下属单位，开发联邦政府的土地前必须先获得土地管理局核发的地热租赁权。

2. 税收规定

第一个重要的联邦税法是 1978 年的国家能源法案，其中规定了无形钻探费用和水库消耗量百分比的扣除。符合条件的无形成本包括工资、燃料、维修、运输和附带物资等。传统上可用于石油和天然气的储层消耗量百分比也通过 1978 年的国家能源法案扩展到了地热。1978 年国会还提供了另外两项税收抵免，包括住宅能源信贷和商业投资信贷。住宅能源信贷允许个人纳税人获得与主要住所相关的合格可再生能源支出。允许扣除的金额是前 10000 美元的 40% 或最高 4000 美元。商业投资信贷为包括地热在内的某些替代能源产业的商业投资提供 15% 的税收抵免，允许扣除的百分比降至 10%。此外，对地热的投资可获得 5 年的加速折旧。根据 1992 年能源政策法案，生产税收抵免（PTC）首次实施在风能和太阳能项目上，在 2005 年扩展到闭环生物质和地热项目上。对于地热，初始税收抵免为每千瓦时 1.8 美分，抵免期限为 5 年，除商业投资税收抵免外，还可以使用。近期税收抵免增加到 1.9 美分 / 千瓦时，抵免期限为 10 年。这是为地热行业提供的最重要的政策。但是，公司不能同时接受 ITC 和 PTC，必须择其一。

3. 财政补贴与贷款

1975 年至 1980 年代初期，美国能源部实施了许多促进美国地热资源开发的项目。其中包括 1975 年启动的地热贷款担保计划，1976 年启动的计划研究发展公告，1979 年启动的项目资助机会公告，以及 1980 年启动的用户耦合确认钻探计划（USDP）以及于 2009 年启动的美国复苏与再投资法案。

地热贷款担保计划（GLGP）是所有州和联邦中最早、最知名和最成功的计划。GLGP 于 1975 年 6 月根据 1973 年《地热能源研究、开发和示范法》生效。GLGP 旨在实现以下目标：通过尽量减少贷方的财务风险，鼓励和协助私营和公共部门以环境可接受的方式加速地热资源的开发；发展正常的借款人与贷款人关系，以便在未来的某个日期提供融资而无须担保；加强竞争，鼓励新进入地热市场。根据该法案的条款，贷款担保可以高达项目成本的 75%，联邦政府保证高达 100% 的借款金额。该法案后来于 1980 年修订，允许向项目总费用的 90% 提供贷款，条件是申请人是电力、住房或其他合作社或市政当局。但是，每个项目的贷款限额为1亿美元，没有合格的借款人可以获得超过2亿美元的贷款。GLGP成功推进了多个地区的地热开发，并可以用于地热直接使用和发电项目。该计划中两个最严重的缺陷是，非常严格的贷款审批要求通常会限制该计划的使用，以限制那些本应能够在没有担保的情况下获得传统贷款资格的人，以及公用事业公司不愿意这样做的事实。使用贷款担保计划一旦违约，即使是联邦政府担保的贷款，也会严重影响他们的信用评级。虽然成功，但该计划由于在20世纪80年代未能得到美国国会的进一步拨款而结束。

1979年，美国的一项资助机会公告为许多地热直接利用项目提供了激励措施：为单一或多次使用地热的项目进行资助；为应用包括住宅和商业建筑的供热制冷、水产养殖、农业、工业加工等项目提供资助；为一些特定项目提供资助等。2009年《美国复苏与再投资法案》支持地热资源开采技术的发展，为地热研究和示范提供了3.5亿美元的各种赠款、贷款补助和贷款担保。这些措施为地热产业发展带来了强大的资金支持，支持地热资源开采技术的发展。

（四）丰富的投融资渠道

在金融领域，美国拥有其他国家难以比拟的优势。在地热能源领域的融资渠道方面，美国发展出了公司研发费用、政府专项补贴、项目融资、资产融资、公开市场融资、私募基金融资等多种融资渠道。仅从基金的角度来看，各种各样的产业发展基金，如天使基金、创投基金、股权投资基金、并购基金等，能够实现企业发展阶段的完全覆盖。可以说，强大的投融资渠道为美国地热产业的整体发展提供了较好的资本力量支撑。

二、日本地热能源工程开发利用现状

（一）日本地热能源工程开发利用困境

1. 地热能源开发周期长、风险大

有关地热发电的开发建设，多由石油和矿山等资源开发的企业运作，地热发电投资是带有“地下风险”的投资。地热发电是技术链融合的风险行业，克服挖掘失败和回收初期投资是根本原则，不习惯这类风险投资的企业是很难涉足地热发电行业的。另外，地热发电从地表调查、挖掘调查开始到发电设备设置为止，要进行5个过程的专业评估，一般经历11～13年的时间。

2. 日本地热发电的阻力

世界上屈指可数的“火山国”日本的地热资源，拥有世界第 3 位的规模。日本的地热发电技术也处于世界领先水平，但日本国内利用地热资源的发电量仅占全部电力的 0.2%。导致日本地热发电进展缓慢的主要原因有以下 3 点。

第一，固定的电力行业体制。日本有十大电力公司，分别调节对应所属地区的电力需求，也属于垄断性质的行业。另外，由于日本电力供应充足，很难从其他领域进入新的电力行业。

第二，国家对地热开发支援消极。因为日本能源政策要求电力供应稳定，以主力电源混合形式供电，减少能源使用风险。地热发电与原子能和火力发电相比规模小，国家对地热发电的开发重视不够，每年资金预算也较少。

第三，适应地几乎处在国立或国定公园内。日本很多自然公园是国立或者国定公园，根据《自然公园法》，要求保护公园自然环境和景观，所以很难在其中建设地热发电站。由于担心地热资源开发会对温泉造成影响，所以新建地热发电站除需要遵守国家法律外，还要与当地县市町村行政单位以及温泉地区协会等进行协商调整。

3. 地热资源开发限制缓和

为了保护公园环境和自然景观，日本于 1957 年颁布了《自然公园法》，其中规定国立公园和国定公园等国家指定的自然公园中不允许建设发电站。由于几乎所有的火山地区都处于自然公园内，所以很多适合地热发电的地方都在自然公园范围之内，导致日本地热资源开发受到极大限制，其地热资源储量虽位居世界第 3 位但其实际开发量仅位居第 8 位。日本环境省于 2012 年 3 月发表的新方针是，在国立、国定公园中，除了维持景观的重要区域，允许建设小型发电设备。为此，日本政府放宽国立、国定公园的规章制度，使地热发电可利用量扩大 3 倍以上。建设大型地热发电开发项目，也是将来能源政策中重要的课题，需要国家、自治体、民间企业联合长期合作对应。

（二）日本地热能源工程开发利用策略

1. 提供政策支持

日本是多火山国家，地热资源潜能较大。日本早在 1974 年就开始重视地热资源的开发利用，编制了地热资源开发的中长期规划，并给予了财政补贴，促进地热资源的开发利用。在前期地热资源开发经历了较快发展之后，1997 年开始日本地热开发预算急速减少，地热研究出现停滞。在1999年以后没有新建地热发电厂。1997年度完全取消地热技术开发预算。20世纪90年代，日本新能源产业技术开发组织（NEDO）领导开展了促进地热和地热资源评价、探查、钻井、发电等技术开发的调查；2002年以后，仅限于小规模双工质发电的促进调查。自2011年3月福岛核事故以来，日本政府一直在修订《基本能源计划》来促进能源供需长期发展。日本政府对地热调查的钻探钻井进行补贴，同时对地热上网电价进行补贴。日本81.9%的地热资源均位于国家公园内，2012年3月开始，日本政府放宽国家公园对地热资源开发的限制，允许企业开发利用地热资源。

以地热发电为例，日本很早就出台了一系列扶持性产业政策。第一，制定地热发电长期规划目标。日本经济产业省在2005年就提出了2030年将地热发电增加到190万kW的中长期发展目标，这为提振产业信心提供了有力的支撑。第二，为了在技术上对地热发电进行援助，日本经济产业省牵头成立了由电力公司负责人、日本新能源开发组织（NEIX）、相关学者组成的地热技术研究会，发展出了一系列具有日本特色的地热能勘测及开发利用技术。例如，在NEIX的推动下，日本在利用弹性波、电磁波、微震来勘探地热能源这一技术上取得了一系列突破。第三，提供专项财政补贴。为普及地热发电，日本经济产业省强化援助扶持政策，增加开发地热能源建设发电设备的专项财政补助。初步的政策方针是：对于地热发电项目，政府补助20%～30%的开发费用。第四，日本实行规定价格回收体制，规定电力公司必须以法定的价格购买地热类可再生能源产生的电。这种上网电价激励政策对于地热发电来说无疑是一种重大利好。

2. 严格立法管控

为推动地热类新能源的科学开发利用，日本政府于2003年发布了《新能源特别措施法》（简称“RPS法”）。根据RPS法，日本所有的电力公司都必须将地热类新能源发电作为一项法定义务来进行开发研究。对于发电方法和发电量，政府则不进行制度层面的约束。

3. 重视技术研发

目前，日本地热发电容量在全球所占比例在7%左右。除了温泉旅游及地热发电外，日本将地热能源的应用范围扩展至温室建设、空调机制造、渔业养殖以及城乡居民热水供应等方面。为了满足这些应用需求，日本高度关注地热资源普查、地热钻井采样、高温岩体发电技术、地热发电系统研发等方面的技术革新和专利群研发。

4. 加强海外布局

日本具有重商主义的传统，对国际市场一直保持着深远的战略发展目光，在产业的海外布局方面积累了丰富的经验。借助丰富的海外能源市场运作经验及灵活的运营体制，日本较早地开始了地热能开发利用方面的国际合作。

（三）日本地热能源工程开发利用前景

巴黎协定之后，主要国家承担碳减排的重责，设定2050—2060年实现碳中和的目标，日本也正在将重点转移到可再生能源上，特别是积极推进二氧化碳排放量少、价格便宜且不受天气影响的地热发电。日本政府提出到2030年将使日本地热发电量达到150万kW的目标，也就是说发电能力比现在增加3倍。这个目标只占日本整个国家发电量的1%，换算成太阳能发电相当于1000万kW，这也是挑战性的目标，需要强化各种支援政策来进行辅助。鉴于此，日本国内的地热开发公司、地方自治体在日本全国各地50多个地方实施了建设地热发电站的调查。从2014年左右开始，日本各地开始了小规模地热发电站建设，发电级别在数十至数百千瓦级别的发电站纷纷投入运行，并且中规模数千千瓦级地热发电站也在数个地方开始运行，同时大规模万千瓦级的地热发电站也于2019年以后依次开始运行。日本通过产业、政府、大学及研究机关共同参与，建设地热发电站完成既定目标。然后，面向2050—2100年长期计划，届时地热发电将拥有电力生产10%左右的市场占有率。

丰富的地热资源，不仅可以用于发电，还可以提高农林水产物品的附加价值等。这对帮助地域经济发展做出了贡献。总之，在开发利用地热资源的同时，需要进一步推进高精度的地热储层探索技术，以及可持续的地热发电技术。同时，有必要引进保护生态景观等先进环境保护技术，更好地推进环境适应型发电站的建设。

三、德国地热能源工程开发利用现状

德国素以工业制造闻名，其地热产业的发展并未受到学术界的普遍重视。但是，值得引起注意的是，起步较晚的德国地热产业取得了地热发电规模6年增长6倍的成就。因此，对于我国来说，德国地热产业发展具有一定的借鉴价值。德国地处欧洲大陆，地质结构和地壳活动均相对稳定。虽然德国境内也有像巴登-巴登这样以温泉而闻名的旅游胜地，但其地热资源赋存的情况确实不容乐观。正因如此，德国的地热产业在21世纪初才正式起步，在此之前只有一些零星的技术研发。2007年，德国的一些发电厂开始使用基于有机朗肯循环（ORC）的发电机组发电。2008年，德国钻探技术、热储技术等方面取得重大突破发展，浅层地热能开发初步呈现出规模化发展的特点。2010年，德国在绍尔拉赫市、雷德斯塔德、施派尔等几个地区投入更大规模的地热发电设施，最大的达到10 MW，地热发电量达到7MW的规模。2013年11月11日，德国第一座利用地热发电的发电站正式投产。2016年，德国地热发电量达到了425 MW。

值得一提的是，早在"第二次世界大战"时期，德国就开始了新能源的开发利用。凭借强大的技术底蕴，德国迅速成为核电领域的技术强国。在2011年，核能在德国能源消耗中所占的比例就已经达到22%。但是，受日本福岛事件的影响，德国国内出现了"反核"的浪潮，开始转向太阳能、地热能、风能和生物能等清洁可再生能源的开发利用。根据德国联邦政府的规划，到2035年德国境内的核电站将全部关停，取而代之的则是各种新型可再生能源。

为了推动地热能源工程开发利用方面的数据共享，由德国联邦环境部牵头，由莱布尼兹应用地球物理研究所负责设立了地热数据库。只要具备互联网使用的基本条件，任何单位和个人都可以接触到地热数据库中关于探勘数据、钻井资料、地热电技术及规格等相关信息。根据从地热数据库所获得的资料信息，德国目前的地热生产井深度主要集中在3500～4500 m的范围。从中可以看出，依托先进的自动化钻井设备及其他工业技术，德国已经初步完成了地热产业发展的技术路线规划。此外，为了保障地热发电的稳定性及安全性，德国政府委托德国国家地球科学研究中心（GFZ）进行地热发电关键技术的研发。通过与产业界的合作，GFZ开发出了自动化深钻机等先进设备，为德国民营地热企业的生产提供了有力支持。

此外，值得指出的是，地热发展已经被纳入德国的工业4.0发展计划。可以推测，在今后的产业发展过程中，德国地热领域的供应、制造、市场销售信息将纳入其信息物理系统（Cyber Physical System，CPS）之中并实现数据化与智慧化的产品/服务供应。

德国是世界上最早启动能源转型的国家，慕尼黑作为德国南部主要的经济、文化和科技中心，21世纪以来，以丰富的地热能源为基础，在政府有利政策的推动下取得快速发展。下面对慕尼黑地热能源工程开发利用现状进行简单介绍。

（一）慕尼黑地热能源工程开发利用现状

慕尼黑地区的中深层地热能源开发起步于20世纪90年代，早期以浅层温泉洗浴为主。在政府可再生能源激励计划的刺激下，2008年进入爆发式增长阶段。

在过去的十几年里，尽管存在区域和全球经济不确定性因素的影响，慕尼黑地热产业一直保持了较强的发展势头。该区中深层地热能源开发深度从几百米到大于5000 m，利用温度也从20 ℃升到160 ℃，利用方式从也从早期的洗浴转变到以供暖、发电等规模开发利用为主。慕尼黑地区地热田属于中低温地热田，供暖项目规划服务期为50年，投资回报期在15年左右，因此，地热供暖项目不需要依赖政府补贴，现有6家地热发电厂运营，装机容量30 MW，并计划新建的地热厂可能多达12个。

（二）慕尼黑地热能源工程发展因素分析

1. 丰富的地热资源基础

阿尔卑斯山北侧的磨拉石盆地是典型的前陆盆地，是德国三大地热构造区之一。该盆地的形成与阿尔卑斯山的演化密切相关，磨拉石盆地的沉积岩以阿尔卑斯山碎屑岩为主。盆地从西南部的瑞士到东部的奥地利，绵延300多km，主要由古近系－新近系磨拉石沉积、白垩纪、上侏罗统至中侏罗统和三叠纪沉积物充填构成。北侧地层埋深浅，向南呈楔状埋深逐渐加深。慕尼黑占据了前陆盆地的最有利的热储发育位置，因此，温泉洗浴及区域供热厂一般分布在盆地北部地区，热电联产厂则分布于地热温度更高的南部地区。

2. 积极的政策扶持

慕尼黑地热产业的快速发展产生于德国能源结构转型的宏观背景下。德国国内整体上能源紧缺，同时作为欧盟主要成员也是应对气候变化领域的积极倡导者，主客观两方面的因素促成了德国成为较早重视可再生能源利用的国家之一。

3. 持续的技术进步

在德国政府的支持下，供暖和发电利用市场规模的快速增长，进一步带动了地热相关科研活动。莱布尼茨应用地球物理研究所（LIAG）对慕尼黑地热能源的勘探起到了关键作用。2016年由慕尼黑工业大学、埃尔朗根－纽伦堡大学和拜罗伊特大学联合组成的巴伐利亚地热联盟对地热能源领域的科研和实践问题进行了联合深入研究。2020年以来，该联盟又加入了慕尼黑应用科技大学等多所研究机构，创建了一个在科学、商业和政治之间传递知识和数据的平台。

4. 政府积极引导民众接受度高

在德国国家地质调查局的支持下，莱布尼茨应用地球物理研究所开发并负责运维开放式“德国地热信息系统”（Geot IS），该项目的重点是德国三大盆地的中深层地热资源。Geot IS 以矢量地热地图为基础，集成了热储温度、深度、厚度和导水率等多项参数。可以由互联网通过该系统方便地访问德国许多地区的地热地质和地球物理数据。Geot IS 的建立有助于规划部门、投资者和审批部门等形成对地热资源潜力的统一认识，同时也提高了民众对地热能源的接受程度。

德国联邦网络管理局建立全国性的能源转型数据平台(SMARD)并负责运维，以展示可再生能源融入能源供应系统的演变进程。平台可以实时查询可再生能源生产利用数据。从地热产品到服务平台的智能升级，进一步提高了民众对地热能源工程开发利用的接受度。

四、土耳其地热能源工程开发利用现状

（一）土耳其地热能源禀赋

土耳其位于欧亚板块南缘，受阿拉伯板块和非洲板块的北向俯冲，处于弧后伸展的构造应力区，地壳持续拉张减薄使土耳其成为地震活动最强烈、构造断层最发育、地热资源最丰富的国家。其内部广泛分布火山活动、喷气孔及超过 600 个温泉，温泉温度最高可达 100 ℃。据估土耳其的水热型地热资源潜力（0 ～ 4 km）为 60000 MW_{th}，这些资源有 78% 左右集中在安纳托利亚西部，9% 在安纳托利亚中部，7% 在马尔马拉地区，5% 在安纳托利亚东部，1% 在其他地区。低焓或中焓地热资源占 90% 左右，适合直接利用，地热发电潜力（0 ～ 4 km）为 4500 MWe（1MWe=10000 kW）。

（二）土耳其地热能源工程开发利用现状

土耳其在地热发电的世界排名方面实现了巨大的飞跃，其在直接利用方面的进展也不可忽视。据 2005 年土耳其世界地热大会统计，土耳其地热能源直接利用装机容量为 1177 MW_{th}，排名世界第五，近 65 万 m^2 的温室空间通过地热供暖。2015 年，这一数字增加到 393.1 万 m^2。住宅地热供暖从 65000 套住宅增加到 114567 套住宅。《2022 年全球可再生能源现状报告》显示土耳其的直接利用量仅次于中国（不包含地源热泵），约为 4GW_{th}。土耳其地热能利用虽然起步较晚，但在 20 多年间实现了地热能源开发利用的快速飞跃，这无疑是一个巨大的成功。

（三）土耳其地热能源工程开发利用快速发展原因

1. 政府承担前期勘探工作

在全球范围内，与地热项目的勘探和开发阶段相关的成本和风险使寻找早期

融资成为一项挑战。与勘探相关的成本可达项目总成本的 15%，本阶段钻井的成功率为 50% ~ 59%，平均需要 2 ~ 3 年才能确认地热资源是否适合发电，巨大的投资风险成为地热资源开发的阻碍。对此土耳其政府承担前期的探勘活动不仅为更好地探明地热资源提供了保障，并且为后续地热资源利用的快速发展做好了铺垫。

2. 积极的政策引导

借着 2005 年世界地热大会于土耳其召开的契机，土耳其议会和政府认识到了发展地热事业的重要性以及开发本土地热能源的重要意义，并且紧接着就议会给地热立法、出台相关政策。2007 年颁布的《地热和矿泉水法》是土耳其地热发展的重要里程碑，该法阐明了地热和天然矿泉水资源有效勘探、开发、生产和保护的原则，并允许地热田私有化和地热能源租赁竞标，这为其地热能源的合理有序开发提供了有利的法律保障。其次，土耳其地热发电装机容量的发展比预期中要快很多，主要是因为上网电价优惠制度的颁布和实施。这一系列的激励性措施为地热能源投资创造了一个良好的环境，吸引了大量私人投资商进入地热资源开发市场。

3. 国际合作与技术引领

过去二三十年的地热能源快速发展过程中，土耳其在很大程度上依靠国际技术和经验来推动建设地热发电厂，并发展其地热产业。土耳其作为欧盟成员国参与了国际能源署的 5 个扩大技术合作计划，并与德国、丹麦、墨西哥等国家建立了能源协作伙伴关系，有力促进了土耳其地热能源的高效开发和利用。此外，土耳其私人企业与高等院校、科研部门等保持良好的合作关系，组织联合研发团队，持续推动地热能源勘探开发利用颠覆性技术攻关，加强地热产业装备。

第二节　我国地热能源工程开发利用现状

一、我国地热能源开发研究现状

由于化石能源的大量使用，全球气候变化和能源短缺已经成为 21 世纪人类面临的最大挑战。随着我国“碳达峰、碳中和”目标的确定，为减少对化石能源的消耗和温室气体的排放，各种清洁能源将得到广泛应用。地热能源作为一种绿色环保、储量充足、稳定可靠的可再生能源，具有较强的竞争力和广阔的应用前景，现在已经成为研究的重点。

随着经济的快速发展，化石能源利用带来的环境问题日趋严重，能源升级和环境问题是目前全球迫切需要解决的。地热能源作为一种可再生清洁能源，存在于地下深部，其开发利用不会造成环境污染问题，逐渐受到各界关注。

地热能源是一种新的可再生清洁能源，具有稳定、环保、零排放的特性，在当今人们环保意识日渐增强和能源日趋紧缺的情况下，地热能源开发利用前景广阔，对于国家能源格局发展发挥着重要作用。

在20世纪，地热能源首次被大规模地开发利用，应用于取暖、发电、工业加工等方面。我国作为世界上最早开发利用地热能源的国家，具有相当庞大的地热能源储量，但一直以来我国在利用地热发电等现代化能源开发方面却较为落后。随着传统化石能源的减少，地热能源在未来资源开发利用中占据重要位置，相比于传统化石能源，地热能源具有一些突出优势。首先，地热能源产自地下，是一种可再生的清洁能源，增加地热能源的开采利用，相应可减少国家对于石油、煤炭等资源的依赖性，与此同时也可减少石油等能源的进口量，保证能源安全。

在发电方面，地热能源的利用系数高达90%，相对于太阳能、风能及核能发电具有更高的利用率，且具有较低的开采成本，虽然目前来看，地热能源的早期开发勘探较为困难，投资成本高，但随着勘探技术的相对成熟，这一现象也逐渐缓解，且能源后续开发工作中无须燃料等外在条件，运行费用极低，无论是从目前来看，还是今后几十年，开发成本都远远低于太阳能发电及风能发电。此外，地热能作为一种清洁能源，开发利用对环境较为友好，合理利用，甚至可做到零排放，同时具有多种利用价值，不仅仅体现在发电上，也可带动旅游业等相关产业的发展。

尽管我国地热能源储量丰富，且国家相当重视地热能源的开发，可目前地热能源的开发力度依旧不如风能、太阳能及核能，究其原因，可能是存在多种因素制约地热能源的开发利用。首先，与常规的风力、水流、太阳能辐射等可再生资源相比，地热能源处于地下，而地下地质条件较为复杂，这就增加了地热能源的勘探难度，提高了开发成本，在工程项目中，钻井勘探投资费用甚至可能占整个项目的50%。高温地热能源储存的地区，地质条件往往较为复杂，因而地热勘探的风险较大，且地热能源的开发周期较长，不仅前期的投资高，从地热勘探到建造再到建成投产，往往需要几年的时间，对投资者吸引力不够大。此外，地热能源的勘探要求较高的科技含量及门槛，采用较为先进的仪器设备对研究开发区进行全面的地球物理勘探，并研究该地区的地质、构造及水文条件，从事地热研究和应用开发的人员数量较少，与其他科研方向相比，缺乏高质量高水平的科研人员。最后，依赖于我国新能源政策，常规的风能、太阳能等发电产业得到快速发展，且这类产业建设周期较短，在短期内就能建成投产，但由于地热能源的开发具有开发周期长、风险大的特点，包括我国在内的很多国家尚未制定更有利于地热能源发展的政策，对于大部分开发商而言不具备太大吸引力。

目前来看，常规的水热地热勘探和发电技术已经较为成熟，化石能源使用引起的环境污染问题，已广泛引起社会各界关注，与此同时，作为一种新型的清洁可再生能源，地热能源迎来了难得的发展契机。我国地热资源丰富，地热能源的开发已经低迷了几十年，现在已引起国家的重视，我国已明确提出了地热能源开发的具体目标，建议结合目前的重大地学项目，加速地热能源的研究和开发，此外还要加快地热专业的人才培养，积极地开展国际合作，引进先进的地热理论及开发技术，产学研结合。我国的地热能源发展迎来了新的发展机遇与挑战。

在国家层面，政府把清洁取暖提高到国家生态安全高度，政策导向势必不断推动能源转型和取暖方式的变革。目前我国的地热能源发展远远不能满足我国清洁取暖不断增长的需求，未来地热供暖（制冷）市场潜力巨大。预计到 2025 年，地热供暖（制冷）面积比 2020 年增加 50%，到 2035 年，地热能供暖（制冷）面积力争比 2025 年翻一番。

近 20 年，我国地热供暖（制冷）规模增速显著，例如，浅层地热能供暖（制冷）项目以规模化、大型化的特点在全国范围内发展，建成了上海世博园、北京国奥村等一系列示范项目。截至 2020 年底，中国浅层地热能利用位居世界第一，地源热泵供暖制冷建筑面积约 8.4 亿 m^2。随着中国城镇化进程的发展，浅层地热能的利用空间还将进一步扩大。

水热型地热能的开发利用较浅层地热能的开发利用起步较晚，但其发展速度较快。1990 年全国水热型地热能供暖建筑面积仅为 190 万 m^2，2000 年增至 1100 万 m^2，近 10 年，我国水热型地热能的直接利用总量以年均 10% 的速度增长，已连续多年位居世界首位。天津市继续引领中国城市地热发展，2020 年天津市水热型地热能供暖面积为 4×10^7 m^2，是中国利用水热型地热能供暖规模最大的城市，成为当之无愧的“地热之都”。截至 2021 年，中深层地热能供暖面积累计达到 5.02 亿 m^2，经过初步估算，中深层地热能供暖可拉动投资约 800 亿元。充分利用中深层地热能资源对实现北方严寒地区节能减排和清洁供暖具有较大的研究和应用价值。

我国的干热岩型地热能资源虽然储量巨大，但由于我国在此领域起步较晚以及其开发利用难度较高，目前还基本处于勘探阶段，尚未形成规模化的开发利用。

2012年，中国地质调查局启动了“全国干热岩资源调查评价与示范靶区研究”项目，评价了我国（不含港澳台地区）埋深3～10 km的干热岩型地热能资源潜力，资源量达856万亿t标准煤。同年，科技部设立国家高新技术研究发展计划（863计划）项目“干热岩热能开发与综合利用关键技术研究”，开启了中国关于干热岩的专项研究。

2016年8月8日，国务院印发《“十三五”国家科技创新规划》，规划提出，要加强深空、深海、深地、深蓝（简称“四深”）领域的战略高技术部署。具体到深地，地球深部探测重大科技项目的“课题16”将主要针对干热岩能源勘查开发关键技术开展研究。这一系列举措展示了国家大力开发利用干热岩型地热能的决心，也为干热岩型地热能开发领域的发展指明了方向。

二、我国地热能源工程开发现状

（一）浅层地热能工程开发现状

在我国，对浅层地热能的开发利用起步于20世纪末，随着全球气候变暖，更多地提倡绿色发展、节能减排，2008年随着世界体育盛会——奥运会在我国的举办，浅层地热能在我国的开发利用进入快速发展阶段，到2015年，我国浅层地热能的开发规模已经位列世界第一。

我国开发建设了一大批浅层地热能项目，促进了浅层地热能开发技术的进一步成熟。在北京世界园艺博览会上，浅层地热能也发挥了很大的作用，将深、浅层地热能结合，采用水蓄能和锅炉调峰的方式为会场提供供暖及制冷服务。山东省鲁南地质工程勘察院（山东省地质矿产勘查开发局第二地质大队）建设了山东省鲁南地质科技创新中心、山东省鲁南浅层地热能开发示范基地（春都华府）项目，建筑面积近300000 m^2，对地热能在公共建筑的清洁供暖和制冷进行了专门研究。我国其他各省市也兴建了大量示范项目，目前，我国对地热能的年直接利用量和直接利用的设备容量分别占世界的29.7%和25.4%，均为世界第一。地热泵和地热能供暖年利用量分别占世界的30.9%和38.2%，同样位居世界第一。

（二）水热型地热能工程开发现状

水热型地热能的应用可以追溯到千年以前，我国古代就采用水热型地热能供暖。改革开放后，水热型地热能供暖发展迅速，不仅在开发规模上，在开发深度和广度上都有了巨大的进步，因此可以称得上是中国地热产业的主力军。近十年来，我国水热型地热能的开发利用一直位居世界第一，年均增长速度为10%。目前，我国主要采用水热型地热能来供暖，在疗养和种植养殖方面也有广泛应用。

（三）干热岩型地热能工程开发现状

干热岩型地热能的发展潜力巨大，许多国家，如美国、德国等对干热岩型地热能已经开展了将近 40 年的研究，掌握了对其的勘察评价技术，在许多方面都积累了一定的经验，并且在热储改造和发电试验方面开展了相关的研究。我国对干热岩型地热能的研究开展得相对较晚，对干热岩型地热能的专项研究开始于 2012 年。我国于 2017 年首次发现高温干热岩型地热能资源，该资源位于青海共和盆地，研究人员在距地表 3705 m 深的地下，发现了温度高达 236 ℃的干热岩体。

三、我国地热能源工程利用现状

20 世纪 70 年代爆发的石油危机，使世界各国开始重视可再生能源的利用。我国属于世界上最早利用地热能源的国家，实际上，在两千多年前，我国就开始利用地热能源，但真正意义上科学地利用地热能源是从 20 世纪 70 年代开始的。发展至今 30 余年，经过政策的引导和市场的需求，我国地热产业体系已经初步形成。

（一）直接利用

全世界有大约 82 个国家（地区）对地热能源进行了直接利用。在全球地热能源利用方式中，直接利用是最主要的利用方式，占总量的 83%。过去的 20 年里，我国地热能源直接利用每年装机量都居世界首位，并且近 10 年来平均以每年 10% 的速度增长。地热能源直接利用的热源主要来自浅层地热能以及水热型地热能。

浅层地热能主要用于供暖（制冷），水热型地热能以供暖为主，其次为旅游疗养、种植等，仅有 0.5% 用于发电。近年来我国地热供暖（制冷）发展十分迅速。京津冀地区将成为我国浅层地热能的重点开发区域，浅层地热能的发展将继续加快。

水热型地热供暖面积多年来持续增长。全国水热型地热供暖面积超过 1.5 亿 m^2，其中山东、河北、河南增长较快，我国水热型地热能的开发利用将持续增长。

旅游疗养是低温地热资源最普遍的利用方式，几乎遍布全国各地。先秦时期已经出现对温泉开发利用的记录，而对温泉规模化的开发利用始于 20 世纪 50 年代，我国相继建立了 160 多家温泉疗养院。目前我国现有温泉浴池 1600 处，主要集中在华东、华中、西北地区。

（二）地热发电

在地热发电方面，与其他国家相比，我国地热发电产业发展相当落后。我国地热发电的装机容量为27MW。美国地热发电的装机容量处于世界第一位，其装机容量为3450MW，我国地热发电与国际水平还存在很大的差距。

1. 地热发电的种类

地热发电是指通过地质勘探钻井，将火山地热地带深1500～3000 m处存在的高温150～300 ℃热水或蒸汽，从地热储层中取出上升到地面，推动蒸汽涡轮发电的方式。实际上由于钻井深度、地热流体性质、温度等因素的影响，需要有不同的发电方式来对应。

干蒸汽法是单纯的气体发电方式，多见于早期的地热开发。水汽分离法又包括两种方式，即一次和二次分离发电方式，现在地热发电站采用最多的是一次分离发电方式，水汽分离法最后把从生产井取出的能源流体，取尽能源之后再将冷却后的水注入还原井，以促进地下水循环再利用。而低温双循环法是用温度大于150 ℃的能源流体，通过热交换器加热沸点低的媒介物质，使之沸腾产生蒸汽推动汽轮机发电，这种发电方式也被逐步应用于普通温泉发电，既能发电，也不影响温泉旅游的经济性。

2. 地热发电的特点

地热发电站建成之后，可以不分昼夜24小时稳定发电，能有效利用地热能源，不需要消耗地下的化石燃料，可以认为是半永久性稳定利用的可再生清洁能源。现在，相对于世界各国主要能源的石油和煤炭等化石燃料，地热、生物质、风力、太阳光、水力等都是可以持续利用的“可再生能源”。虽然这些可再生能源在大功率化方面仍存在可研究课题，但发电和热利用时几乎不排出导致地球变暖的CO_2。由于地热能源不依赖外国进口，从而也提高了国内能源的自给率。另外，在现在推进的可再生能源中，风能发电和太阳能发电等自然能源的发电方式，有效发电的时间段有可能被限制，如因天气、季节、昼夜等因素而导致发电量大幅度变动。统计资料表明，太阳能发电的设备利用率约为12%，风能发电的设备利用率约为20%。与之相比，地热发电具有每年定量发电的稳定性，设备利用率也高达70%。

3. 地热发电的障碍

20世纪60年代，我国开始进行地热发电的试验和建设。随后在多地建立了地热发电站，拥有丰富的地热发电经验，使用过的发电技术包括单闪、双闪、双工质以及全流发电。表 2-1 为我国部分地热发电站的相关信息。1970 年，我国第一座发电站在广东开始运行，随后 10 年还对该电站进行了扩容，最高装机容量为 586 kW，但到目前都已经关停了。我国现在正在运行的地热发电站只有两座，都是利用高温资源进行发电。其他都因技术、政策和经济等相关因素被关停，并且 2000 年以后我国修建或者扩容的地热发电站都很少，不利于提高我国地热发电装机容量。我国地热资源丰富，以低温地热资源为主，在世界大环境的引领下，近年来我国研究者把目光聚焦到地热能开发利用上，截至 2020 年底，我国地热能源直接利用装机容量达 40.6 GW，连续多年位居世界首位。但是近年来，地热发电累计装机容量波动不大，始终未超过 30 MW。

表 2-1　我国部分地热发电站的相关信息

发电站	位置	修建时间（年份）	发电技术	装机容量（kW）	温度（℃）	状态
邓屋	广东	1970	单闪	86	91	停运
		1978	双工质	200	91	停运
		1984	单闪	300	91	间断运行
温汤	江西	1971	双工质	50	65	停运
灰汤	湖南	1976	单闪	300	90	停运
		1977	单闪	1000	145	停运
		1981	双闪	3000	145	运行
羊八井	西藏	1982	双闪	3000	145	运行
		1985	双闪	3000	145	运行
		2009	全流	1000	140 ～ 160	运行
		2010	全流	1000	140 ～ 160	运行
熊岳	辽宁	1974	双工质	100	80	停运
朗久	西藏	1987	单闪	2000	104	停运
那曲	西藏	1993	双工质	1000	—	停运
三水	广东	2010	双工质	5000	—	停运
羊易	西藏	2011	全流	400	—	—
		2012	全流	500	160	运行
		2018	双工质	16000	—	—
河北油田	河北	2011	双工质	400	108	停运
瑞丽	云南	2017	全流	1200	130-150	运行

（1）技术障碍

可再生能源政策的大力推行，为地热能的发展带来了机会。但是，目前我国的地热能源利用技术良莠不济，相较于地热能源的直接利用，地热发电所占比重偏低。在过去几十年中，研究人员对双工质循环的工作流体进行筛选、性能优化和动态模拟等研究，另外还进行工程案例的实践应用。但是，双工质循环发电系统相关设备成本非常高，对于小型发电厂来说，这会使发电厂成本太高因而不被采用。为此，研究者试图去寻找一些便宜的设备来替代这些昂贵的部件，或者对相关设备进行优化，如提出用改进的压缩机替代膨胀机做功。详细的地热资源分布与地质结构是双工质循环发电技术发展的保障，因此地热能源的勘察技术必须得到提高。我国对地热能源的勘察力度很低，已经勘探清楚的高温地热能源地区很少，不足以支撑地热发电进行规模化的开发。对于我国占比最大的中低温地热能源也缺少详细的区域性勘察。

我国起主力作用的羊八井地热发电站利用的是中高温地热能源，利用的发电技术主要是闪蒸发电技术，因为闪蒸发电技术是我国发展最成熟的技术，但我国的中高温地热能源都位于偏远、险要、人烟稀少的地区，不利于勘探开发且开发价值低。适于我国占比较大的低温地热能源的双工质发电技术尚处于试验阶段。从表 2-1 可以发现，在 20 世纪 70 年代到 80 年代间，我国建立双工质地热发电站 5 座，占比超过总数的 50%，证明那个阶段，双工质发电技术是适应我国地热发电的一种主要技术。我国于 1993 年在那曲建立过一座双工质循环发电的地热示范电站，容量为 1000 kW，引进了国外先进的技术设备，建立的目的是更大限度地利用低温地热能源，但是该示范电站由于使用期间结垢严重，间断使用至 1999 年便停止了。2010 年建成的广东三水地热试验电站利用双工质发电技术进行发电，该电站的成功运行，表明双工质发电系统在我国的可行性，为低温能源的工业化应用提供了基础数据。到目前为止，我国仅有一座利用双工质发电技术发电的地热电站，位于西藏羊易。为促进技术发展和装机容量增加，必须建立相关技术发电示范基地吸引更多的人力、财力、物力进入地热发电市场，发展地热项目。混合发电技术以及增强型地热发电技术在我国都还处于试验阶段，故我国目前的发展趋势是主攻利用低温地热发电的双工质发电技术，另外还要加快建立我国的地热混合发电技术以及增强型地热发电技术的地热发电示范基地，以突破我国地热市场发展缓慢的困境。

（2）政策障碍

太阳能发电、水能发电、风能发电这样的可再生能源发电在我国发展较好。通过分析这些能源的发展，以及国际上地热发电市场的影响因素，发现政策在可再生能源发电发展初期起着重要作用。对于技术起步阶段，最重要的一个因素就是资金，由于地热发电厂的投资成本很高，且产生的电力销售不景气，很多企业都处于观望状态。因此，政府出台的政策补贴，激励机制在前期尤为重要，而中国相关的地热发电政策还比较少。

到目前为止，我国在地热能源的管理方面还没有出台全国性法律法规，没有统一的管理框架导致地方出台的地热能源管理条例存在较大的差异，有些条款操作性很弱，阻碍能源的开发利用，给政府部门的统筹管理带来极大的不便。很多企业对我国能源分布的了解比较粗略，能源勘探处于起步阶段，但详细的地质勘探是地热能源有效利用的前提，可以减低地热项目的风险，减少不必要的经济损失，且拥有详细的能源勘探结果更容易吸引企业进入市场。所以政府决策者应该制定相关法律法规去引导地热勘察的实施。《地热能开发利用“十三五”规划》明确地热能区域分配比例，目标是新增发电量 500 MW，其中西藏被要求增加 350 MW，剩下 150 MW 被分配给其他城市，然而缺乏有效的政策引导，这五年我国的地热发电装机容量并没有发生很大的改变。地热能在利用完以后不能随意排放，要通过回灌井排放到地下或者要进行净化。钻探回灌井的成本不亚于生产井，这给生产企业增加了额外的生产成本，因此有些企业会不按规定直接排放，带来严重的环境问题。即使我国现在地热发电站不多，但这是地热能源可持续发展中不可忽视的问题。中国政府应该制定相关的法律法规，防患于未然。

近年来，为促进地热能源开发利用，我国先后颁布了很多关于地热能源利用的法律法规。可以发现这些法规主要涉及地热能源的勘探，资源回灌、发电技术、编制规范、建立产业体系等方面，但是这些都是一个框架，并没有相关的推进措施。在法律法规下，各地方政府出台了相关文件，如北京市颁发的《北京市地热资源管理办法》和《关于北京市进一步促进地热能开发及热泵系统利用的实施意见》，主要针对热源热泵系统给予相关资金补贴。南京市的《南京市浅层地温能开发利用总体规划（2014—2020 年）》《南京市可再生能源建筑应用城市示范专项资金管理办法》，主要针对热泵建筑示范项目提供的财政补贴。云南省的《云南省地热水资源管理条例》以及重庆市的《重庆市可再生能源建筑应用示范工程专项补助资金管理暂行办法》等，这些文件主要针对的是地热资源的管理以及地热能源的直接利用，对地热发电的规范少之又少。近年来干热岩技术开始发展，有些地方出台了相关的条例，而针对双工质循环发电技术的法律法规文件还没有发布过。

地热能源的开发利用属于高成本行业，在起步阶段必须有大量的资本流入，如果仅靠市场单方面的拉动是很难发展的，前期地热产业的有效发展必须依靠政府的引导，政策资金的投入。以东省鲁南浅层地热能开发示范基地（春都华府）

项目为例，现有住户1200户，住宅建筑面积约为17.28万m^2，为满足使用要求施工换热井数量约为1900口，延米数约为20万m，井内埋设双U型管，投资成本较大。近年来，我国相继发布了一些关于地热能源开发利用的法律法规，对地热市场的发展有一定的促进作用，但从具体内容看，这些法律法规普遍比较泛泛，没有针对性，缺乏可操作性，针对地热发电的规范极少，更别说具体的地热发电补贴政策。总的来说，我国地热发电政策存在三点问题：一是财政投入较少，石油天然气每年的财政投入在数百亿，而地热发电前期的勘探投入仅几个亿，因此我国的地热勘探评价落后，只有很少地区的勘探精度在1：50000。二是税收优惠与补贴力度小。目前针对地热发电行业，按照《可再生能源电价附加补助资金管理暂行办法》进行管理，有针对性的细则较少，如关键设备的进口、技术引进、企业税收等，并且较多政策以鼓励和指导为主，政府部门及相关企业的执行力便会降低，影响政策的落地实施。三是地方政策设定不合理。比如针对地热水的回灌，有些省份是要收税的，但是政府部门并未检查发电站是否进行回灌，便按统一标准收税，这样某些企业为了减低成本，便将尾水直接排放，破坏环境。

四、我国地热能源开发产业发展现状

我国地热能源储量丰富，开发利用潜力大，但产业仍处于发展初期。中国地质调查局带头组织，对我国336个地级以上的城市浅层地热能、31个省（区、市）水热型地热能、干热岩型地热能进行了调查，基本查清了我国地热能源的赋存条件、分布特征、开发利用现状。

（一）资源潜力

地热是聚集在地球内部的热能。由于某些地质因素，热能会以热水、干热岩的形式向地壳聚集，当达到可开采的条件后，便是所谓的具有开发价值的可开采地热能源。与其他可再生能源相比，地热能源储量大、分布广、稳定性好，一旦投入使用，便可以长期使用。我国地热能源几乎遍及全国，河北省的可采地热能源量最多，接下来依次为陕西、山东、西藏、云南。

我国水热型地热能和浅层地热能主要分布于东中部地区，随着南北方供暖以及燃煤消费压减等方面的需求，水热型和浅层地热能面临着难得的发展机遇。干热岩型地热能主要分布于西藏及东南沿海地区，具有巨大的潜力，一旦干热岩技术有所突破，将成为具有战略意义的替代能源。

（二）环境效益明显

地热能源是绿色低碳的清洁能源，地热能源工程开发利用不排放污染物和温室气体，可显著减少化石燃料消耗和化石能源消耗产生的污染物和温室气体排放，地热能源对化石能源的替代能改善自然环境和生态环境，改善区域的环境效益，提升社会服务效益。地热能源工程的开发利用为高质量发展和能源革命带来了活力和有生力量，同时可推动供暖行业等发展，给人们带来真正的社会福利。以山东省鲁南浅层地热能开发示范基地（春都华府）项目为例，通过地源热泵利用地球表面浅层地热资源作为冷热源，进行能量转换实现供暖供冷。其地源热泵的COP（能效比）值在4以上，也就是说消耗1kW・h的能量，用户可得到4 kW・h以上的热量或冷量。节能环保，环境效益显著。

（三）地热产业链作用机制

地热产业链上游勘探评价影响中游钻井行业，最后直接影响地热利用，地热产业链上中下游具有传导机制，同时，消费者的需求，地热开发利用需求的加大又发过来促进上中下游的逆向传导。政府是地热产业发展的重要推动者。为了实现社会经济效益和生态环境效益的协调、短期目标与长远目标的统一，政府作为地热产业发展的倡导者和调控者必须构建有效的外部作用机制，适时适度地干预，以解决市场失灵问题。政府对地热产业发展的外部作用机制主要通过激励与约束两个方面来实现。

1. 以需求侧为突破口的地热产业发展的激励与约束机制

消费者对清洁能源的需求是迫切的，生态环境、安全性等问题直接影响消费者的生活健康，也直接影响消费者对清洁供暖的选择。从需求端，政府鼓励消费者选择地热这种清洁高效的供暖方式，改变旧有的煤供暖的惯例，形成新的供暖模式。政府根据自身财力适当对地热供暖给予补贴，鼓励企业降低成本，使得供暖价格在消费者可接受的范围内，刺激最终消费者对地热供暖的需求。这样有利于培育最终消费者的消费习惯，为地热供暖服务打下基础。除了物质激励外，政府应进行精神激励。通过大众媒体加大对地热供暖的宣传，引导消费者使用地热供暖。从产业链视角来看，最终需求拉动了中间需求，推动了地热产业的发展。同时，政府应该引导消费者放弃高污染高排放的供暖模式，对高排放的供暖模式进行征收碳税，引导消费者积极使用地热清洁能源。

随着社会经济的发展，消费者对低碳清洁能源的需求越来越大。地热是清洁环保、稳定性好、可循环利用的可再生能源，消费者相对于煤供暖，在价格可承受范围内，愿意接受地热供暖。由于供暖涉及煤改气、煤改电、煤改热等多种形式的竞争，对供暖终端而言，供暖成本必须要在消费者的可承担范围内。为了鼓励消费者使用地热供暖，就必须给予企业一定的补助，降低成本，使得产业链顺理成章过渡到消费者最终端。

2. 以供给侧为关注点的地热产业发展的激励与约束机制

政府对地热能源的勘探取得了发展，如果进一步加强地热能源的勘探开发，逐步完善地热能源的详细勘察，对地热产业的中下游端无疑是一种鼓励。但同时，地热能源工程的开发利用中仍然会存在回灌等问题，政府需要对地热能源征收资源税，用部分资源税来鼓励地热能源的勘探开发，需要用行政法律手段规范地热能源的开发利用，规范“取热不取水”地热回灌等内容，促进地热能源工程的持续发展。针对煤炭等化石能源供暖环节，政府应对高污染高排放的企业进行限制，加强监管，征收碳税，逐步引导高能耗高污染高排放供暖模式向清洁低碳供暖模式发展。约束高污染高排放的发展，增加碳税机制，让高污染企业向低碳企业转型；保证地热产业的可持续发展。

3. 以技术进步为内部动力的地热产业发展的激励机制

地热产业链自上而下层层传导，同时，每一产业又有自己发展的特点，技术创新是产业本身发展的动力，每层产业技术创新，除了带动本产业的发展外，同时又正向或逆向传递给上下游的产业，带动地热产业链的发展。地热供暖属于地热直接利用，真正实现零污染、零排放，可从根本上缓解北方地区供暖季大气污染的问题；同时地热不同于天然气，在地热富集区域，可稳定持续地提供供暖热源；对于“煤改气”，农村地区管理难度相对较大，生活活动频繁，大面积地露天铺设天然气管道容易带来安全隐患。政府应该建立长效机制，推动地热供暖的技术创新。地热产业发展的核心是技术进步，而技术进步是资本积累的结果。技术的研发过程、商品化过程、产业化过程，需要大量资金的投入。技术进步贯穿于地热产业链的各个环节。地热产业链在各环节的技术创新及应用，将推动本环节降低成本，促进地热产业的规模化发展。

（四）地热产业规律

①地热能源储量丰富且分布不均，给地热能源的开发利用和地热产业的发展带来了一定压力。我国地热能源的储量十分丰富。但是，从区域分布的角度来看，

我国的地热能源主要分布在西藏、云南等经济欠发达地区。同时，这些地区普遍存在地形地貌复杂及地质条件苛刻等现象，交通条件也有所限制。这不仅增加了地热能源开发利用的难度，而且也促使我国地热产业发展必须走出一条具有中国特色的道路。

②市场结构极为复杂。与地热能源分布不均的情况类似，我国不同地区的经济发展水平、产业政策、行业管理体制、产业结构都有各自的特点。同时，我国目前已经进入改革开放的“深水区”，国情社情较为复杂。这些因素传导至地热产业方面就形成了极为复杂的市场结构。从企业性质的角度来看，国企、民营企业、外资企业在地热产业领域都是重要的参与主体，已经引起国内研究者注意的是，这些企业的内部分化也较为严重，大企业拥有强大的资本及市场控制能力但往往经营范围较为广泛，小企业的发展则容易受到资本、资源、管理体制等多方面的制约。从产品/服务的角度来看，地热能源工程的开发利用衍生出电力、地暖、温泉旅游等各种各样的产品/服务。从运作方式的角度来看，存在着项目导向、公益服务导向、资本效益导向等多种类型。从竞争策略的角度来看，价格、特色服务、模式都成为重要的竞争策略基点。正因如此，衡量地热产业的绩效、评价其整体发展状况、分析其国际竞争力等都存在一定的难度。

③民营企业深度参与。根据地热产业发展的国际经验，政策提供重要驱动力的现象在各国都较为普遍，在中国同样如此。但是，在调研过程中发现，民营企业深度参与构成了我国地热产业发展的一道独特风景。从表面上来看，一些具有国资背景的企业在地热能源领域攻城略地，表现极为抢眼。但在实践中，以河南万江新能源、黑龙江中惠地热为代表的民营地热企业在我国地热行业发挥着重要作用。尽管缺乏雄厚的政策及国家资本支持，这些民营地热企业仍在行业专利开发、模式探索、工程建设等方面做出了一系列努力，极大地丰富了我国地热产业的产品/服务体系。

④后发优势突出。相对于美国、德国、冰岛等地热强国来说，我国的地热产业存在起步晚、起点不高的客观事实。与这些国家相比，我国地热能产业的政策制定、总体规划、技术研发等尚有许多羸弱之处。但是，必须认识到我国在地热产业发展方面同样有着许多“后发优势”。

一是体制优势。我国是中国特色社会主义国家，中央政府在宏观调控、社会治理及精神文化建设方面有着强大的决策能力、丰富的管理经验和国际领先的社会组织动员能力。改革开放以来的发展历程表明，一旦中央政府明确了产业发展的具体方向，就有信心、有能力提供决策支持、制度保障和资源协调。

二是资源优势。我国地热能源的储量是十分丰富的。如果这些地热能源能够得到有效的开发利用，我国地热产业的整体规模将迅速攀升至世界前列。类似地，在人力资本方面，我国高等教育事业持续快速发展，能够为地热产业的发展提供必要的人才储备。近年来，我国高度重视地热人才的国际化培养。例如，2019年12月2日，由“中国－冰岛”地热技术研发合作中心组织的地热培训项目正式投入运作。参与该培训的人员包括41名地热专业人才，授课教师则包括16位国内专家和11位国际专家。项目的精耕细作不仅能够为地热领域专业人才的培养提供有力支持，同时也能够为地热技术研发的国际交流合作奠定坚实基础。

三是创新优势。作为后来者，我国地热产业的发展可以充分有效地借鉴其他国家的经验教训，着力发展前沿的创新技术。这不仅意味着大量的资源节约，同时也可以帮助我国在地热技术方面尽快与国际前沿接轨。

四是模式优势。在产业发展模式的选择上，我国地热产业同样有着极大的选择余地，同时还可以根据产业发展的具体情况进行调整优化，形成具有中国特色的独特模式。以河北雄安为例，当地政府对其地缘条件、地热能源赋存情况及政策机遇窗口进行了高效整合，发展出了地热产业的“雄安模式”，取得了良好的经济效益与社会效益，引起了国际国内的广泛关注。

（五）地热产业政策现状

由于地热产业属于资本密集型产业，在发展初期需要投入大量的资金，仅靠市场的调节地热产业无法得到有效的发展，因此地热产业的长期发展离不开各国政策的推动。为推进我国地热产业的发展，从中央到地方各级政府都相继颁布、修改了一系列与地热产业相关的政策、法规、技术规范。

产业政策的理论依据主要包括两个方面：一是市场失灵。外部性、规模经济和不完全竞争是市场失灵的重要表现；二是市场不足，即处于一定发展阶段的市场是不完美的，存在诸多缺陷和摩擦，或某产业市场并不规范，导致单独依靠发展不够成熟的市场会影响经济的发展，因此需要政府补充甚至代替市场的这一功能。由于产业政策在不同国家和不同时期的目标、内容、手段、方式等有明显差别，因此学者们对产业政策的内涵理解存在差异性，但普遍认为产业政策是解决市场失灵和资源配置采取的政策措施。也就是说产业政策重点是以产业发展、市场效率的帕累托最优为方向，经济增长和经济效率是其追求的主要目标，缺少对社会经济、能源环境等协调可持续发展的研究。产业政策从政府通过计划、财政、金融等手段直接支持重点产业的投资准入与投资逐渐转向新兴产业、创新创业产业的支持和培育。产业政策内涵的延伸与发展，体现了地热产业作为新兴战略性可再生能源产业发展政策的必要性。

学术界尽管对产业政策是否实行具有争议，但大多数学者认为产业政策应该侧重于“要不要干预”向“如何干预”转变，产业政策效果是实行产业政策的关键。产业政策的必要性得到多数人的肯定，但并不是所有产业政策都能实现预期的目标，因此，如何转变政府经济职能，更好地发挥产业政策的作用是需要深入思考的问题。

在产业政策制定中，学者们从不同的角度对政策工具进行了分类，无论从政策工具类型划分的基本角度、具体标准还是划分的类型，都存在着相当大的差异。政策工具从单一的命令控制型政策向市场型多元政策过渡，学者们对产业政策的研究主要集中在财税、碳税或者环境资源税等方面。在产业政策制定中，学者们考虑经济、生态、能源、环境等诸多因素，从不同的政策工具和政策强度，采用自上而下、自下而上和混合型的系统模型分析了产业政策的实施效果。系统性地考虑产业政策的制定和实施效果成为主流。

我国现有政策、法规、技术规范等对地热产业的发展有一定的促进作用，但是地热产业政策还存在很多问题，严重制约了我国地热产业的进步。

1. 地热产业政策存在的问题

一是缺乏统一的管理体制。地热的相关术语较多（地热资源、地热能、地下水、地热水），但目前出台的法律没有对地热概念进行明确定义，我国已出台的相关政策涉及《中华人民共和国矿产资源法》《中华人民共和国可再生能源法》以及《中华人民共和国水法》等，因此地热具有矿产资源属性、可再生能源属性以及地下水资源属性，目前法律对于地热属性尚未有统一定义，因此具体到操作层面，地热受到三部法律的共同调控，一些地方的地热管理出现混乱的现象，比如地热探矿权归地质矿产行政主管部门管理，而采矿权归水行政主管部门管理，这种多头管理的方式，容易产生越位、缺位的管理现象，加重地热企业的法务成本与经济压力，不利于我国地热产业的健康发展。

二是财政扶持力度不足。首先，地热勘查投入力度严重不足。目前我国勘查评价滞后，严重影响地热开发规划的制订以及地热产业的发展，大部分地区的地热勘查精度仅为 1 ∶ 1000000，北京、天津、山东北部等地达到 1 ∶ 250000，仅有少数地区如河北雄县勘查精度达到 1 ∶ 50000。

三是地热发电补贴力度不足。目前我国出台的鼓励政策多集中在市场化程度较高的浅层地热能行业，而地热发电行业的鼓励政策相对较少，我国地热发电依据《可再生能源电价附加补助资金管理暂行办法》对地热发电项目进行补贴，然而地热发电成本高于风能、太阳能等其他可再生能源发电。优惠力度不足，且很多细则没有明确规定，如土地使用、设备制造等政策。因此地热发电行业的鼓励政策亟待完善，以提高企业的积极性。

四是政策缺乏针对性和可操作性。尽管很多地方颁布地热直接利用鼓励政策，但仍然缺乏可操作性的具体政策，这些政策多为鼓励和指导性质，缺乏强制力和执行力，导致政策难以落地。

五是政策设定不合理。第一，税费政策使用不合理，有的地区不管地热尾水是否回灌，都按照统一标准收取税费，极大地挫伤了企业进行地热尾水回灌的积极性。第二，地热资源税的税率偏低，不能体现能源使用所带来的社会成本，资源税的政策目标难以实现。

2. 地热产业政策的依据

地热能源是国家重要的战略性可再生能源，地热产业的发展对我国社会经济、能源环境有着重要的作用，但由于初始投资高、不确定性大等特点，严重阻碍了地热产业的持续化规模化发展。

（1）地热产业发展存在正外部性

地热能源等清洁能源的成本将在一定时期内一直高于化石能源，直到化石能源资源消耗殆尽或环境压力增加到某个极限。地热能源开发利用的社会效益大于私人回报率，地热能源的正外部性没法通过市场来体现，导致“市场失灵”。政府要通过财政补贴或税收优惠等手段对造成资源浪费和环境污染进行干预，同时需要鼓励清洁能源发展，通过征税等方式将外部性“成本内部化”或通过税收优惠等政策将外部性“收益内部化”，使化石能源的价格升高或者地热能源等清洁能源的价格降低，以弥补外部性带来的化石能源与地热能源等清洁能源价格的差距，矫正“市场失灵”，改变不平等的市场环境，推动社会积极利用地热能源等清洁能源。

（2）地热供暖利用属于准公共产品

地热能源等清洁资源具有有限的非竞争性或非排他性。如果准公共产品完全由企业或私人提供，造成成本与收益的不对等，政府必须进行干预，以此来保障公共产业的供给。以供暖为例，供暖作为准公共物品，具有满足效用的非可分割性、消费的非竞争性、收益的非排他性。

（3）地热产业发展对国家技术创新具有重要意义

地热产业发展涉及基础创新研究和高精技术的拓展研发，是一个技术创新的过程。地热产业技术创新包括超高温、超高压深层地热能源有效利用技术、地热能源开发技术的研发、地热田设计及开采技术的研发等内容。地热产业发展对我国技术创新和科技水平提高具有重要的推动作用。因此，政府应当通过采取有效的政策措施，推动地热产业的持续发展。

（4）地热产业发展有较强的战略意义

战略性新兴产业有两个特点，一是市场需求大，二是短期内技术能够突破。《战略性新兴产业重点产品和服务指导目录》（2016 版）中，明确规定地热发电及热利用、地源热泵与采暖，中高温地热发电系统，高效地热钻探设备制造、尾水回灌设备和地热水处理设备制造、高效率换热（制冷）材料属于战略性新兴产业重点产品。在地热产业发展过程中，市场变化、技术研发等多方面的风险决定了地热产业发展的不确定性，也就意味着政府必须通过加大技术开发投入，不断提高地热能源工程的开发利用水平。

3. 地热产业政策的特点

基于公共政策的理论依据，结合地热产业的系统特点，地热产业政策的基本特点为政策主导性、系统性、动态性、协调性。

（1）政策主导性

地热能源是清洁低碳的可再生能源，地热产业属于国家战略性新兴产业，这就决定了政府在地热产业政策上的强势推动，地热产业发展应该以政府为主导。

（2）系统性

地热产业政策效果要考虑系统性。一是地热产业系统涉及系统环境、系统结构和系统目标，地热产业发展与社会经济、能源环境相互影响相互作用；二是地热产业政策的目的是服务于国家战略性产业的高效运行，对政策效果的评价要考虑地热产业发展的整体效应；系统性表明地热产业政策涉及的利益相关者众多，社会经济、能源环境等各子系统相对复杂，所以在地热产业政策中，需要协调各个子系统、各个元素，多角度多视角衡量地热产业政策。

（3）动态性

地热产业政策的调整应该是持续性和常态化，并通过“评价—反馈—改进—评价—反馈—改进”不断循环的过程，动态模拟修正地热产业政策，从而实现地热产业螺旋式发展。

（4）协调性

地热产业政策需要考虑政策主体之间的协调配合，地热产业发展与社会经济、能源环境各系统相互依赖相互制约，是一个复杂的系统，需要通过地热产业政策协调各个系统，达到可持续发展的有效状态。

4. 地热产业政策的原则

地热产业政策目标除了要解决地热产业发展存在的问题，还要综合考虑社会经济、能源环境等多方面的目标要求，地热产业政策的制定要保证社会经济环境的可持续发展。由于地热产业政策需要考虑到政策的系统性和协调性等特点，在政策制定中需要考虑多个政策工具和不同的政策强度，即地热产业政策应该是政策组合，综合考虑地热产业系统结构、系统机制和系统目标，促进地热产业发展。地热产业政策效果又反馈给地热产业系统，并对政策进行调整，进而促进区域可持续发展。

五、我国地热能源开发利用存在的问题

虽然地热能源的开发利用前景十分广阔，但是目前来看，我国对于地热能源开发利用的重视程度还处于一个较低的水平，对于全国地热能源的勘察投入还较为欠缺，没有具体的单位从事地热能源勘察工作，导致目前地热能源的基础数据不足，无法获取我国地热能源的地理分布，对我国地热能源的评价造成了一定的影响，最终将会阻碍我国地热产业的发展。

在浅层地热井的开发利用过程中，由于成井质量差，管材随着时间推移出现腐蚀和结垢等问题。此外，高温地热井的开发成本较高、开发效率过低的问题，也阻碍着我国地热产业的发展。

另外，我国在最初的地热产业发展时期，对该产业的扶持政策不够完善，限制了地热产业的发展规模。目前，中央和地方政府相继出台了一些鼓励性政策，促进地热能源工程的开发利用。

（一）资源勘查系统性不足

在矿产资源领域，勘测评价是开发利用和产业化发展的前提。没有对资源赋存情况的充分了解，产业发展必然会陷入“生产断粮”或者“资源开发不充分”等尴尬境地。地热资源的勘探、开发具有高投入、高风险和知识密集的特点，也在事实上构成了一道难题。目前，我国仅仅进行过两次全国性的地热资源评价，研究基础较为薄弱。分省、分盆地资源评价结果精度有所不足，与发达国家相比

具有一定的滞后性。根据对相关数据的搜集整理，我国拥有的实测大地热流数据仅有 1230 个，美国则高达 17000 多个。在干热岩型地热能勘查开发方面，美国有超过 40 年的研究积累，所取得的成果是多方面的。德国、法国、英国、日本、澳大利亚等国也不甘落后，而我国才刚刚起步。

①勘探工作协调性薄弱。地热能源的勘探主体来自相关的科研院所、企业及其他社会机构，其勘探目的各不相同，工作方法和管理体制也各有特色，出现了勘探工作缺乏组织纪律性、勘探工作存在重复和交叉、勘探结果共享度差等现象。无序勘查、盲目开发、掠夺式利用的现象长期存在。

②地热能源勘查精度不能满足产业发展需求。目前，我国多数地区地热能源的勘查精度都在 1 ∶ 1000000 的水平，能达到 1 ∶ 250000 及以上精度的地热能源勘查数据主要集中在北京、天津、西藏等个别地区。受此影响，资源储量管理部门对有关的勘查及开发工作的审批通常持保守态度。据国内学者的统计，截至 2020 年 3 月底，国内通过勘查及开发利用规划审批的地热田仅有 92 处，这对于地热市场供需矛盾的解决无疑是杯水车薪，不仅影响了地热能源开发利用的后续储备，更给地热能源开发利用和地热产业的健康发展造成了巨大的压力。

③勘探理论及具体的开发工作具有一定的滞后性。受资源投入等因素的影响，地热能源勘探开发及相关的理论研究工作没有得到充分重视，热储工程研究等相关的勘探理论研究工作出现断层甚至是断代的问题。在一些地质条件复杂的地区，地热赋存情况的系统测试不能有效开展。长此以往，必然会拖累地热能源的勘探进度和开发利用。

④开发利用缺少统筹规划，其他领域经常提起的"全国一盘棋"在地热能源勘探方面没有得到体现，各路人马自行其是，难以形成规模化、规范化的勘探工作系统，容易造成资源浪费和效率低下。

⑤对地热能源的成因模式、形成过程、机理等认识不够细致和深入。浅层地热能开发过程中传热的相关影响因素及其相互作用还没有形成完善的理论：水热型地热能的成因模式、热状态、控热因素仍需进一步明晰化；干热岩型地热能的成因模式与储层建造仍处于初期摸索阶段。

（二）发展模式科学性不高

1. 产业整体发展存在诸多不协调之处

我国地热产业发展存在方向、政策、价值链、区域等多方面的不协调现象，具体表现在以下几个方面。

①政策制定与实施的不协调。长期以来，地热产业的发展都处于自动自发的状态。国家对这一领域的重视程度不断增加，出台了一些具有整体意义的产业发展规划。但是，通过对这些规划内容的解读和对其实施情况的分析可以发现，这些产业规划目标宏大，政策上具有宏观指导意义，但实际并未得到充分落实，“雷声大，雨点小”的现象客观存在。例如，在2017年1月出台的《地热能开发利用“十三五”规划》中，组织开展地热能源潜力勘查与选区评价、加强关键技术研发、加强信息监测统计体系建设均被列为重点任务，实施中却出现了目标分解不到位、责任分配不清晰、具体工作缺乏监管等现象。

②地热能源勘查评价精度与开发利用发展速度不协调。与其他矿产资源类型相比，地热能源领域的勘查基础较为薄弱，精度与开发利用的实际需求相比也存在差距，在开发利用选区、开采规模确定等方面的工作还不够深入。这不仅影响了项目投资及运营的科学性，更导致地热能源开发利用方面出现一些粗放式、低效利用以及环境污染等问题。

③科技创新水平及速度与地热能源大规模开发利用不协调。从整体上来看，地热能源领域的科技创新水平及速度与地热能源的资源潜力相比还存在较大差距，尚不能满足大规模利用的需求。

④产业发展方向上的不协调。一方面，经过多年的发展，我国直接利用地热能源量连续多年居于世界首位，进入了地热大国的行列。另一方面，我国地热发电发展严重滞后，2019年地热发电装机容量世界排名尚未进入前十，与丰富的地热能源赋存条件及强大的经济体量非常不匹配。

2. 地热能源粗放式开发利用现象没有得到合理管控

根据矿产资源最优耗竭理论，对资源的价值需要科学测算，同时要结合具体情况进行适量开发。但是，在地热能源开发利用方面，粗放式运营的现象长期存在。除了河北霸州、河南开封、西藏羊八井、山东济宁等个别地区初步实现了地热能源的梯级开发利用外，我国多数地区的地热能源开发利用仍然停留在单一的供暖或发电上。这种粗放式的开发利用模式已经给项目周边的生态环境乃至地质条件造成了一定程度的危害。

3. 产业管理机制不健全

地热能产业发展的国际经验表明，健全而高效的管理机制具有十分重要的价值。但是，从整体上来看，我国地热产业的管理机制尚处于不完善、不健全的阶段。

①在实践中，我国地热能源开发管理的部分权限归属情况，主要可以分为以

下三类：一是将水行政主管部门确定为地热的主管部门，如辽宁等；二是规定地质矿产行政主管部门是主管部门，如河北、北京、天津以及银川等地；三是规定地质矿产行政主管部门和水行政主管部门按照各自的职责共同管理。由此可见，我国地热能源开发管理的权限分配是不明确的。

②从法律保障角度来看，我国现行法律体系中，地热能源受《中华人民共和国矿产资源法》《中华人民共和国水法》及《中华人民共和国可再生能源法》等法律管控，这些法律规定都对地热产业开发具有法律指导意义。由于相关法律的适用性与可操作性还不够，实施过程中也存在相互冲突、执行困难等现象。

4. 化解风险的机制与相关社会保障制度尚未真正建立起来

从短期来看，这会影响投资者、开发者的信心；从长期来看，这可能影响地热产业的高质量发展。具体来说，可以从以下几个方面进行认识。

①对地热产业发展中风险因素及化解机制的理论研究还比较少。可见，对于地热产业的宏观风险、管理风险及市场风险，学术界的研究工作还比较少。这不仅反映了对这一问题的忽视，更可能影响从业人员的认知。

②产业风险化解工作的规划和落实均存在欠缺。根据笔者的调研，超过 75% 的地热能企业没有成立专门的风险管理部门。他们的主要精力都放在生产、市场开发和资本运营等方面。这种局面对于地热产业的高质量发展是很不利的，理应引起有关各方的高等重视。

③产业发展的保障制度不够健全。例如，尽管地热产业方面形成了一些权威的科研机构和产业联盟，但仍然没有形成统一的信息管理体系，各种机构之间缺乏有效的信息沟通。

（三）产业技术发展不均衡

“缺乏统一的技术规范和标准”是制约地热能源工程应用的重要因素。技术发展不均衡是地热产业发展中存在的一个突出问题。具体表现在以下几方面。第一，国有企业和民营企业在技术发展方面，各有其路线规划，双方之间没有进行合理的分工协调，容易造成智力资源浪费、关键技术研发协作程度差等问题。第二，东部沿海发达地区、西北西南欠发达地区及京津冀一带的地热技术发展水平存在显著的区域差异，这种不均衡的现象影响了我国地热产业发展的整体进度。第三，关键技术亟待突破，具体表现在地热能源勘测系统精度不够、地热发电技术遇到瓶颈等。第四，地热技术发展各环节之间的衔接程度不理想，具体表现在

"理论研究—技术创新—工程应用"链条的资源分布不均等上。理论研究能够表现为论文专著，技术创新能够表现为知识产权，但要将这些成果转化为工程应用是十分困难，且目前缺乏明确评价标准。从目前的情形来看，地热能源工程应用方面的技术尚未成熟，产业科技创新体系与整体发展链条上存在着一些短板和薄弱之处。

（四）人力资本储备与产业发展匹配性弱

我国地热能源的开发利用有着广阔的发展前景，地热产业发展的节奏也非常之快。但是，人力资本储备与产业发展的匹配性却不尽如人意。与风能、太阳能、核电、光伏等领域相比，地热人才队伍建设和发展水平存在明显滞后的现象，对整个产业的发展构成了一定程度的阻碍。

（五）资本运作能力不强

正如能源是工业的关键动力，资本是推动产业发展的主要动力。近年来，地热企业分享到了政策的红利，但在市场和业务同步增长的形势下也不得不面临资本方面的压力。在调研过程中笔者发现，相较于工程能力、技术能力来说，地热企业在资本运作能力方面的短板更为突出。具体来说，这些问题主要表现在银行贷款的门槛高、项目开发融资成本高、资本回收周期较长造成沉重财务成本等。正因如此，尽管地热项目的现金流入稳定且不受自然季节更替的影响，但整体资金压力和负债率都比较严重。

第三章　地热能源工程开发利用的关键技术

本章分为地热勘探开发技术、地热供暖技术、地热发电技术、地热制冷技术、地热回灌技术、地热储层传热技术、地热能源综合利用技术、地热利用防腐除垢技术八部分。

第一节　地热勘探开发技术

一、国内外地热能源勘探研究现状

（一）国外地热能源勘探研究现状

对全球地热动力学新理论、实践应用、新技术的地热研究，经过长期的科学与理论的探索，取得了重要的研究成果，主要体现在构造、化探、探矿、水文与地热几个方面。在国际地热协会每年发行的地热期刊中，大多数期刊的文章集中于地热能源及其形成的机制、国际地热利用系统的类型和结构特点。

（二）国内地热能源勘探研究现状

我国地热能源勘探研究时间相对较短，研究程度、勘查开发程度相对较低。新中国成立初期，主要以发现地表热源、就热找热为主，编制了全国温泉分布图，建立了数十座温泉疗养场，筹建了地热实验室；20 世纪 70 年代以后，各省市才相继开始了较为正规的地热能源普查和重点地区的勘探工作，开始了隐伏区地热能源勘探工作，地热能源开发逐步与地方经济建设规划结合，开发利用了藏南、滇西等地的地热能源，取得了一定的经济效益；20 世纪 80 年代，改革开放为地热能源研究搭建了平台，加强了国际合作和技术交流，引进了先进的地热科学理论和勘探技术方法，有力推进了地热能源开发研究；到 20 世纪 90 年代后期，我国地热田成因模式、热储概念模型逐步建立，地热能源工程开发利用已经初步具备一定规模，地热能源勘探技术手段和开发方式日趋成熟，逐步走到了世界前列。近几年，开展了全国地热能源现状调查评价、浅层地热能源调查和干热岩勘查，应用了人工地震勘探法、高精度重力测量法、大地电磁测深法、微动勘探法等地球物理勘探手段和同位素、气体等地球化学勘探手段，初步总结了不同类型地热田最优的地球物理和地球化学勘探方法组合，加强了热储层、盖层以及构造对控热、导热，岩石的水热蚀变，钻探工艺等方面的研究。

二、地热能源勘探开发的主要技术

地热能源勘探是地热能源工程开发利用的重要前提，其聚焦于对表征地热环境的相关参数指标进行直接或间接测量，以反映各地热要素物理性质及空间分布特征，进而对潜在地热能源进行探查与评估。随着地热能源勘探目标深度的不断增大，地热系统地质结构和构造更加复杂，地热能源的勘探难度也在不断增加。地球物理勘探技术作为地热能源工程开发利用的重要手段，在地热勘探、资源评价、地热开发监测等方面均起着十分重要的作用。

（一）人工地震勘探法

人工地震勘探法采用人工震源激发，通过确定地质构造及地层分层信息，推断出地热能源的储存位置。该方法具有勘探深度大，地层岩性分辨率高、精度高等优势，但同时需要较高的费用成本，且工作方法较为复杂。在人口比较多的城市地区，或者环境较好的旅游产业区，地震工作的开展十分困难，原因有两个：一是人工地震多采用炸药作为震源或可控震源，可能会对环境造成破坏；二是城区作业时干扰源较多，难以获得理想效果。

（二）高精度重力测量法

高精度重力测量法主要被应用于研究地壳深部构造与区域地质构造、确定基底起伏形态等，在探测效率以及施工成本等方面优势突出，但在近区、中区地改中应用困难。

（三）大地电磁测深法

大地电磁测深法是直流电阻率法的一种，采用该方法进行勘探工作时，相较于其他地球物理勘探手段而言，具有施工成本较低、工作耗时短的优点，但在地热能源勘探工作中，往往探测的深度在数千米，在地下深部电阻率已没有太明显的差异，因而分辨率较差，难以查明地质构造，且在野外工作时的实际效率很低，易受到来自外界的干扰得到的探测结果具有很大的不确定性，需与其他物探手段相结合，对成果加以验证分析，在建筑区域该方法很难实现地质效果。

（四）微动勘探法

微动勘探法是天然源面波勘探法的一种，对采集到的面波信号进行一系列数据处理，得到地下介质结构模型，与地质资料相结合，以推断热储底层位置，具有简单便捷、低成本的特点，且对环境无特殊要求，勘探深度在数百米到几公里，抗干扰能力较强，在城市或干扰严重的地区开展勘探工作具有明显的优势，在环境特殊的地区，利用微动勘探开展法工作具有不错的应用效果，能够很好地解决地质问题。微动勘探法在地热能源勘探中具有广阔的应用前景，相比其他常规地球物理勘探手段具有较为突出的优势，目前已经被广泛应用在地热能源勘探方面。

微动勘探法对开展野外工作的实际环境条件没有特别的要求，工作进行得非常便捷，具有较高的勘探效率，且成本及勘探深度方面均能满足地热能源勘探的要求，相比于其他常规勘探手段，在电磁干扰严重的城镇开展地质勘探该方法优势明显，值得去大力推广。

微动是一种由体波和面波组成的微弱震动，并且面波的能量约占信号总能量的 70%。微动的特点如下：震动在任意时空范围内均存在；震源的空间分布、触发时间以及振幅等均是随机的；震动信号在传播过程中携带了路径介质中的某些信息。微动勘探法实际上采集的是微动信号中的瑞雷波信息。

1. 理论基础

瑞雷波勘探法是浅层地震勘探方法的一种，近年来逐渐被应用于各种领域。在传统的地震勘探方法中，主要用到的就是纵横波，利用其进行相关的分析，而与之不同的是瑞雷波勘探主要利用的是被遗弃的面波成分，此成分通常情况下被视为干扰因素，面波的传播过程的相速度与其频率有极大的关联，基于此可以探明地层构造信息，也因此该方法在多个领域有着不错的前景。

瑞雷波勘探法主要运用了瑞雷波的特性；第一，瑞雷波在分层介质中具有频散特性；第二，地层瑞雷波相速度与横波速度相近；第三，瑞雷波的波长不同，穿透深度也不同；第四，不同波长的瑞雷波的传播特性反映不同深度的地质情况。

2. 瑞雷波勘探法的分类

瑞雷波勘探法按震源方式主要分为两类，即人工源面波勘探法和天然源面波勘探法，微动勘探法属于天然源面波勘探法的一种。

（1）人工源面波勘探法

人工源面波勘探法又称为主动源面波勘探法，该方法需要使用人工震源，即由人为激发引起的震源，其激发能量相对较弱，可探测深度较浅，浅地表探测精度相对较准确，有着较高可信度。其在工程中应用广泛，多用以浅地表速度结构探测与地层划分；在地基改良中，据前后测量过程中速度的差异变化，进行分析可得知改良结果是否满足需求；在公路等质量检测方面，根据测得的面波速度情况，据此分析其荷载或承载力，进行质量评价。基于震源或者接收方式的不同，可将人工源面波勘探法分为稳态面波勘探法与瞬态面波勘探法两种类型。

稳态面波勘探法就是利用激振器产生固定频率的瑞雷波，并用检波器将其接收，其特点是频率固定不变，传播方式较为简单，多为简谐波形式，多次变换震源产生的频率，分别对之接收采集信号，做好记录，采用相关的计算方式求得每个频率相对应的速度，并加以验证确保计算准确，据此绘制出对应的曲线，对之进行处理得到需要的频散曲线。稳态面波勘探法的原理图如图 3-1 所示。稳态面波勘探法的数据处理工作量较少，相对比较简单，处理的结果较为准确，简单明了，且不易受到其他地震波的干扰，然而利用此方法时对于震源选择有着较高的要求，需要激发时能发射频率固定且信号稳定的震源，此外发射的频率要求是可调控的。

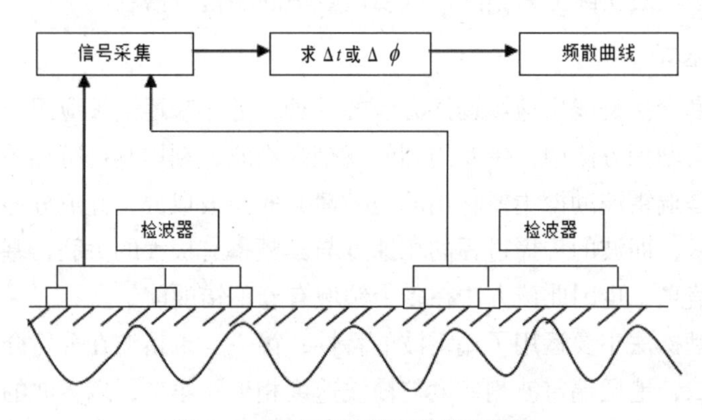

图 3-1　稳态面波勘探法的原理图

瞬态面波勘探法就是由瞬间的作用力产生波，并以此作为震源形式，采用检波器以采集在此作用力下产生的面波，之后选择适当的方法对信号做相应的处理，进行频谱分析等操作，得到曲线，并根据频散曲线的特征结合相关资料去解决问题，如分析地层结构。

（2）天然源面波勘探法

在地球表面，时时刻刻都存在各种微弱震动，这些震动是天然就存在的，地震勘探中常利用人工激发产生的信号去探明地下构造，那么与之类似，我们同样可以通过采集由这些震动产生的信号进行勘探工作，这种勘探方法即为天然源面波勘探法。由于天然源面波勘探法具有无须震源、抗干扰能力强及对环境无破坏等先天优势，可解决其他地球物理勘探方法无法解决的问题，因此该方法在城市勘探中大放异彩。人工源面波勘探法与天然源面波勘探法优缺点对比如表 3-1 所示。

表 3-1　人工源面波勘探法与天然源面波勘探法优缺点对比

方法	优点	缺点
人工源面波勘探法	面波信号主频一般为几到几十赫兹，对浅部地区的分辨率较高	勘探深度较浅，一般在 30 m 左右；需人工震源，受震源形式限制，在城市勘探中不便开展，且会对环境造成影响
天然源面波勘探法	无须人工源激发，操作实施简单经济；面波主频信号一般较小，有效探测深度较深，能反演几十米到几百米的地层信息，甚至可达数千米	采集的数据高频段成分缺失，因而对浅部地层分辨率相对较低

第二节　地热供暖技术

一、地热供暖概述

我国地热能源具有储量大、分布广等特点，几乎遍及各个省市。根据地热能源温度的不同，其利用方式也有所不同。高温地热能源多用于地热发电，中低温地热能源则更适于直接利用，包括地热供暖、温泉洗浴、医疗保健、农业种植等。不同温度地热能源的主要开发利用方式如表 3-2 所示。

表 3-2 不同温度地热能源的主要开发利用方式

<table>
<tr><th colspan="2">分类</th><th>温度</th><th>深度</th><th>主要用途</th><th>主要开发利用方式</th></tr>
<tr><td colspan="2">浅层地热能</td><td>＜ 25 ℃</td><td>＜ 200 m</td><td>供热、制冷、提供生活热水</td><td>直接利用</td></tr>
<tr><td rowspan="3">水型地热能</td><td>低温地热能源</td><td>25 ～ 90 ℃</td><td rowspan="3">200 ～ 400 m</td><td>供热、洗浴、种植、养殖</td><td rowspan="2">一部分直接利用，一部分地热发电</td></tr>
<tr><td>中温地热能源</td><td>90 ～ 150 ℃</td><td>发电、供热、烘干</td></tr>
<tr><td>高温地热能源</td><td>>150 ℃</td><td>发电、供热、烘干</td><td>地热蒸汽发电</td></tr>
</table>

目前，我国地热能源的直接利用量已位列世界首位。其中，地热供暖作为直接利用方式的一种，是能够最高效地利用中低温地热能源的方式。地热供暖是指将已开采的地热井的热水作为热源向建筑物供暖，同时还可满足生活热水（温泉水）和工业生产用热的需求。整个地热供暖系统包括地热井口系统、输配系统、用户系统、排放系统及调峰设备和地热换热设备等。

我国目前主要采取两种方式进行地热供暖：一是地热水直接供暖，也称常规地热供暖；二是利用地源热泵技术进行供暖制冷，这种技术的发展增加了对地热能源的利用效率，也成为我国地热供暖加速发展的主要推动力。

第一，常规地热供暖。常规地热供暖是指将从地下开采出来的热水直接输入管道送到用户处作为供暖的热量来源。在中低温地热能源中，70 ℃以上的水都可以用作地热供暖，同时，50 ～ 60 ℃的地热水还可适用于地板式的供暖。天津作为目前全国地热供暖面积最大的城市，在其常规地热供暖过程中，将地热井产出的地热水首先通过传统散热器（暖气片）给建筑供热，利用后的回水再通过地板供热，初步实现了地热水的阶梯式利用。由于不需要进行燃烧，这种供暖方法在整个过程中都没有 CO_2 的排放，减少了大气污染。但由于地热水的特性，用其直接为用户供暖也存在一定的阻碍和难题。例如，由于地热水中含有大量的矿物质，会使输水管道或散热设备产生腐蚀、结垢等现象，结垢物质主要包括氧化铁、硫酸钙等；同时地热供暖后尾水依然有 30 ～ 40 ℃的温度，如不及时进行回灌，不仅会造成热污染，其中含有的砷、汞、氟等有害元素也会影响周边环境。

第二，地源热泵技术。根据我国对地热资源的定义，25 ℃以上的地热能源可以被称为常规地热能源，而低于 25 ℃，埋藏于地面 200 m 以下的是浅层地热能源，它不仅仅包括浅层岩土体和地下水中所含的热能，也包括地热水利用的尾水和地表水中所含的热能。浅层地热能源分布广泛、储量巨大，并且具有受到地域与气候影响小、采集方便、温度相对稳定等特点，目前世界各国都加大对浅层地热能源的重视程度，使其近年来得到了更为广泛的应用。

地源热泵系统是利用地下浅层地热能源的既可供热又可制冷的高效节能空调系统，地源热泵系统通过输入少量的电能，实现低温位热能向高温位热能的转移。简单来说，在冬天，地源热泵系统从浅层岩土提取出热量，为建筑供暖；在夏天，它从建筑中提取热量，传递给浅层岩土储存起来，如此周而复始。地源热泵系统主要由室外地源换热系统、热泵机组、室内采暖空调末端系统三部分组成。以地热能源交换形式的不同为划分依据，可以将地源热泵系统划分为三类：地埋管地源热泵系统、地表水地源热泵系统和地下水地源热泵系统，如图 3-2 所示。

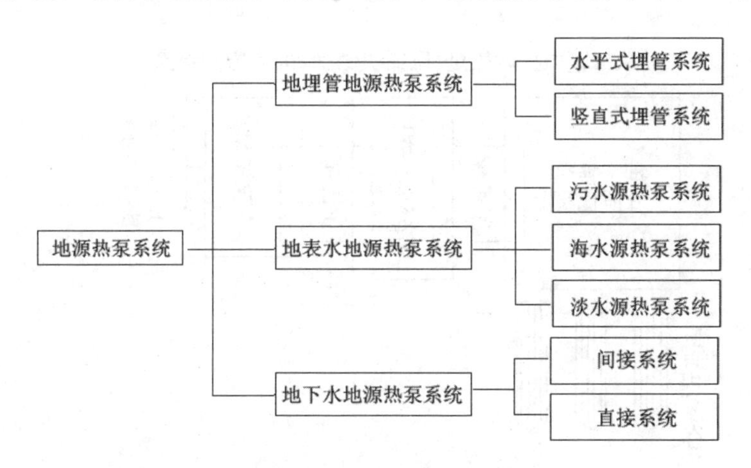

图 3-2　地源热泵系统分类

（一）地埋管地源热泵系统

地埋管地源热泵系统又称土壤耦合热泵系统，利用土壤作为热源 / 热汇，由热泵机组与一组埋于地下的埋地换热器构成，埋地换热器通常为高密度聚乙烯管或聚丁烯管，通过循环流体（水或防冻液）在封闭地下埋管中的流动，实现系统与大地之间的换热。在地埋管地源热泵系统的运行过程中，建筑负荷动态变化与地下土壤换热是密切相关、互相耦合的，因此这种热泵系统被称为土壤耦合热泵系统。地埋管地源热泵系统也主要有两种埋管方式，即水平埋管方式和竖直埋管方式。相应地，地埋管地源热泵系统可分为水平式埋管系统和垂直式埋管系统。对于水平式埋管系统，优点是在软土地区安装费用比垂直式埋管系统低，使用者易于掌握，但是水平埋管埋深浅，容易受到外界冬夏季节气候的影响，水泵耗电量大，且占地面积大，不符合我国的国情。垂直式埋管系统在实际工程中占主导地位，其优点是土地占用面积较小，管路及水泵用电少，工作性能稳定。

在冬季制热状态下，压缩机对冷媒（工作介质）做功，并通过换向阀改变冷媒流动方向，如图 3-3 所示。由地下换热介质循环吸收土壤里的热量，通过冷凝器内冷媒的蒸发，将地下换热介质循环中的热量吸收至冷媒中，在工作介质循环的同时再通过蒸发器内冷媒的冷凝，由供热循环将冷媒所携带的热量吸收。

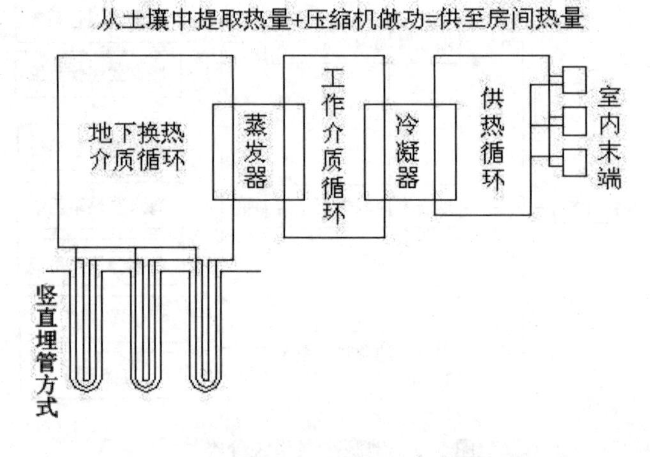

图 3-3　地埋管地源热泵系统冬季制热原理图

在夏季制冷状态下，土壤源热泵机组内的压缩机对冷媒做功，使其进行汽－液转化的循环。通过蒸发器内冷媒的蒸发，将由供冷循环所携带的热量吸收至冷媒中，在工作介质循环的同时再通过冷凝器内冷媒的冷凝，由地下换热介质循环将冷媒所携带的热量吸收，最终由地下换热介质循环转移至土壤里。图 3-4 为地埋管地源热泵系统夏季制冷原理示意图。

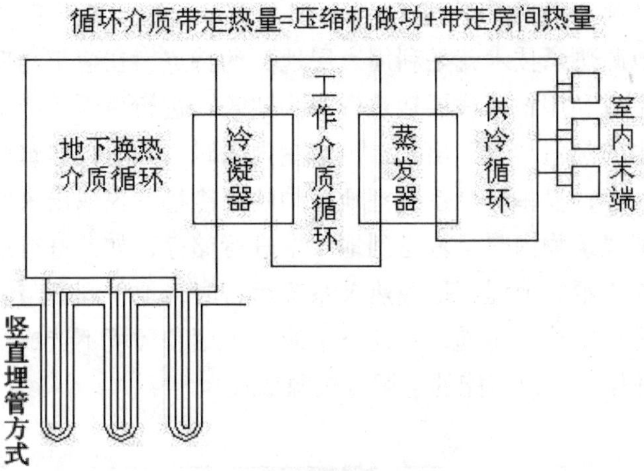

图 3-4　夏季制冷原理图

以山东省鲁南浅层地热能开发示范基地（春都华府）项目机房，夏季工况辐射主机为例，通过机房北侧的转换阀门（标有“夏开冬关”字样的阀门，这套阀门的作用就是转换地源和楼内的水是进蒸发器还是冷凝器），去楼内侧的水经过蒸发器（蒸发器吸收热量）水温降低达到设计要求，进楼内循环，循环完成后回到蒸发器的进水口再次进行降温循环，而去地源侧的水进辐射主机的冷凝侧（冷凝放热）将热量传递至地源侧存储以备冬季使用。

1. 地埋管地源热泵系统特点

地埋管地源热泵系统作为 21 世纪的绿色空调技术，主要有以下特点：

①可再生能源利用技术；

②运行稳定可靠；

③环境和经济效益显著；

④一机多用。

尽管与传统空气源热泵相比，地埋管地源热泵有诸多优势，但在实际运行中依旧存在诸多弊端。对于地埋管地源热泵系统，由于地下岩土层导热系数小，热容量大，热扩散能力差，因此从地下取热需要大量的埋管，初投资偏大、需用大面积土地，尤其对于贵州省特殊地质地貌条件，钻孔消耗成本高、难度大。同时在冬夏冷热负荷不平衡的情况下，会造成地下换热区能量积聚，导致地埋管换热效率下降，严重影响热泵系统的技术经济性能。

2. 地埋管地源热泵技术简介

地埋管地源热泵技术就是利用表层地热的特点，在建筑物四周的底部进行埋管，热泵主机利用地球浅层地热资源为建筑物进行供暖（冷）。热泵主机在冬季把地层中的热量“取”出来，供给室内采暖，同时把建筑内的冷量输送到地层中进行储存；夏季热泵系统把地层中的“冷量”提取出来输送到建筑物内供冷，同时把建筑物内热量输送到地层中进行储存，如此进行地热能量循环利用，如图 3-5 所示。地埋管地源热泵系统运行时，地下埋管与岩土层之间利用热传导原理进行冷热量传递，对地下水源、土壤和环境不造成污染和破坏，是一种绿色、环保、高效节能的空调冷热源形式。

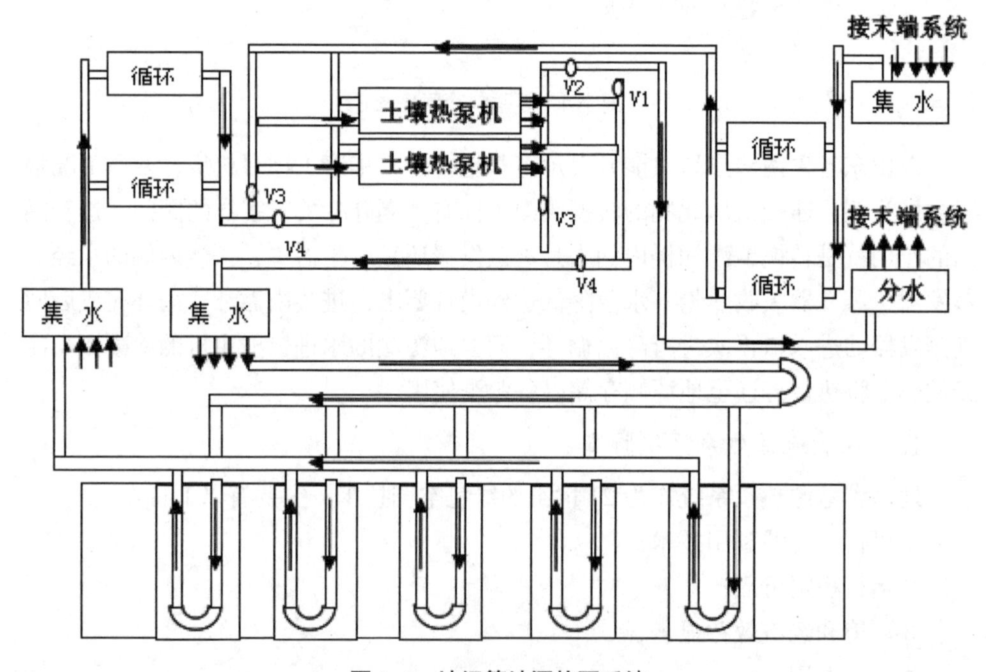

图 3-5 地埋管地源热泵系统

在中国，地埋管地源热泵技术起步较晚，最早的研究始于高校和科研所。20 世纪 80 年代，地埋管地源热泵的发展和应用在国内掀起一番浪潮。为了推进国内地埋管地源热泵技术的发展，我国先后派出大量学者前往英国、美国、瑞士等国学习考察西方先进的地源热泵技术，并分析测试国外的热泵产品。20 世纪 90 年代，国内地源热泵的应用形式开始多变，但热门研究课题主要集中在地埋管地源热泵，在国外技术研究的基础上提升地下埋管换热器与周围岩土体的换热性能。进入 21 世纪后，我国开始大范围的对地源热泵进行工程示范，地埋管地源热泵发展最快，最大单项工程面积已达 20 万 m^2。

我国浅层地热能为丰富，将成为未来重点发展的一项清洁能源。浅层地热能的开发利用是通过地源热泵实现的，地埋管的换热效率直接影响地源热泵功效，针对我国南方喀斯特地区地层水文地质条件下地埋管换热器复杂换热机制进行研究，可望揭示地源热泵长期运行过程中地下换热区内可用能、损、流的变化规律，建立针对岩溶地区地埋管热泵机组主要经济技术参数的计算方法，研究结果对于我国地源热泵的推广和地热能源的高效利用产生了重要的影响。

虽然我国地埋管地源热泵技术已经发展成熟，应用范围广，但运行过程中依旧有许多问题尚待研究。无论区域和热泵机组运行条件不同，当前最难以避免的是岩土体热失衡问题。热泵机组在运行过程中，建筑物的冷热负荷直接决定了热泵机组向地下换热区的排热量与取热量。影响地下岩土体换热区热失衡率最直接的因素是建筑空间全年冷热负荷差异量，当换热区热失衡量远超岩土体自身的调节能力时，即造成岩土体“热失衡”。长期运行过程中，岩土体温度逐年上升/下降，偏离了岩土体的初始理想温度，从而导致热泵机组的运行效率逐年下降，极大地影响了地埋管换热器的换热性能，增加了后期维护运营成本，违背了地埋管地源热泵系统作为节能空调技术的初衷。

（二）地表水地源热泵系统

地表水地源热泵系统是以地表水作为低位热源的热泵空调系统。地表水地源热泵常以江、河、湖、海作为冷热源，因其具有良好的适应性，近年来发展迅速。在我国南方的长江流域、沿海地区等地区地表水资源丰富，有广泛的应用前景。因此，在上述区域推广应用地源热泵技术对实现建筑节能，可再生能源利用具有重要意义。

1. 地表水体热承载特性与适应性

空气与水是两种最广泛的热泵冷热源，因为容易获取且使用方便，与空气比较，水的比热更大，特别当水体深度达到一定程度时，地表水体温度比空气更加稳定，其振幅随着季节的变化比空气小很多，是一种品质优良的低品位热泵冷热源。地表水体根据其面积、深度和当地的气候参数，可以承担与之相符合的冷热负荷，总体来讲，地表水体有如下特点。

①地表水地源热泵利用地表水体的储热功能，其热量间接来自太阳，属于浅层地热能，是可再生能源。地表水地源热泵在冬天的时候吸收水体中的热量，把它供给建筑，水体通过与周围环境的换热，吸收周围环境的热量，夏天的时候正好相反。

②与空气源热泵相比较，冬季的时候地表水温比室外空气温度高，而夏季的时候地表水温比室外空气低，地表水地源热泵能获得较高的制冷与制热的COP值。

③地表水温的变化范围比空气温度小，以长沙为例，湘江的自然水温夏季月平均水温变化范围在22.4～28.5 ℃，冬季月平均水温变化范围在8.4～14.4 ℃，而长沙的月平均气温在4～32 ℃范围内变化。水温变化振幅较小使得地表水地源热泵的运行更加稳定可靠。

④夏热冬冷地区大部分城市冬季气温低，湿度大，空气源热泵蒸发器容易结霜，为了保证机组正常高效地运转，需要周期性逆循环除霜或开启电辅融霜，造成系统效率低下，能源品级损耗严重，地表水地源热泵则可解决这个问题。

⑤地表水地源热泵采用地表水体作为冷热源，因此不需要热源锅炉与冷却塔，省去了锅炉房与冷却塔等辅助设置，也没有分体式空调的室外机，节省了建筑空间，有利于建筑的立面造型，不会破坏建筑的整体美观。

2. 地表水地源热泵系统分类与系统形式

根据所利用的水源不同，地表水地源热泵可以分成淡水地源热泵与海水地源热泵两大类，其中海水地源热泵只有临海地域才可以应用，相对应用范围较窄。淡水地源热泵根据系统利用的冷热源水体不同，可将地表水地源热泵系统分成滞流水体水地源热泵系统与江河水地源热泵系统。滞流水体水地源热泵系统是指以滞流水体作为冷热源的热泵系统，滞流水体是指湖泊、水库、池塘等流动性差或者无流动性的水体，部分滞流水体仅通过降雨降雪等进行水量的补充，湖泊、水库、池塘所容纳的水体是典型的滞流水体。江河水地源热泵系统是指以江河水作为冷热源的热泵系统，得益于江河水的流动性，相同容积的水体，江河水地源热泵的热容大于滞流水体水地源热泵系统。根据地表水地源热泵系统的水循环环路是否与外界空气接触，可以将其分成开式循环系统（图3-6）和闭式循环系统（图3-7、图3-8）。

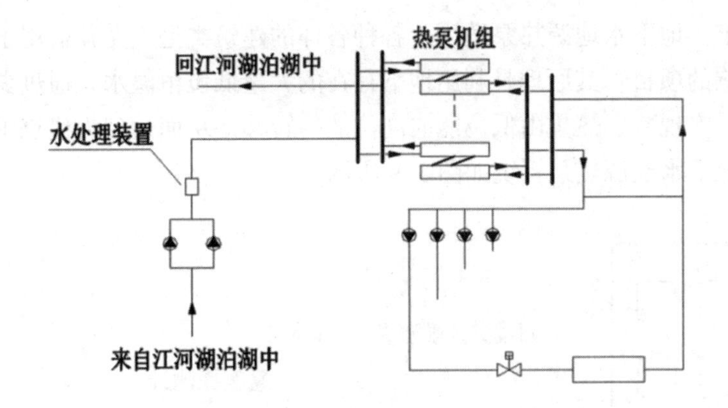

图 3-6　地表水地源热泵开式系统原理图

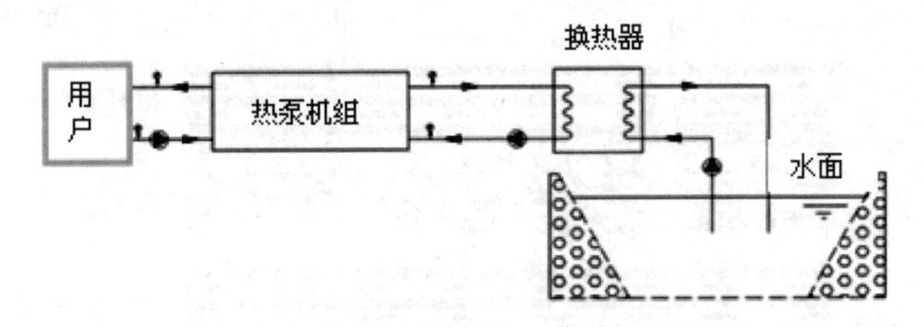

图 3-7　地表水地源热泵闭式系统原理图 1

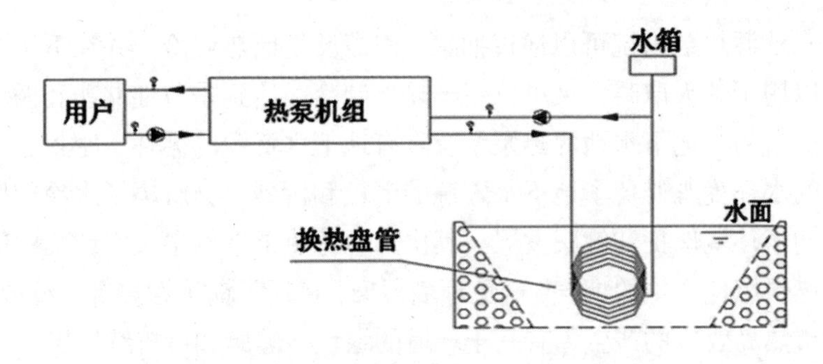

图 3-8　地表水地源热泵闭式系统原理图 2

（三）地下水地源热泵系统

地下水地源热泵系统是以地下水作为低位热源的热泵空调系统。地下水地源热泵作为利用浅层地热能的重要方式，能够在减少碳排放的同时，满足建筑供暖制冷的需求。地下水地源热泵适用于各种各样的建筑类型，尤其适用于需要降低对环境影响的项目。其原理是利用地下存在的大量低位恒温水，通过少量的高位电能输入，实现冷、热量由低位能向高位能的转移，从而达到为建筑供冷或供热的目的，地下水地源热泵系统如图 3-9 所示。

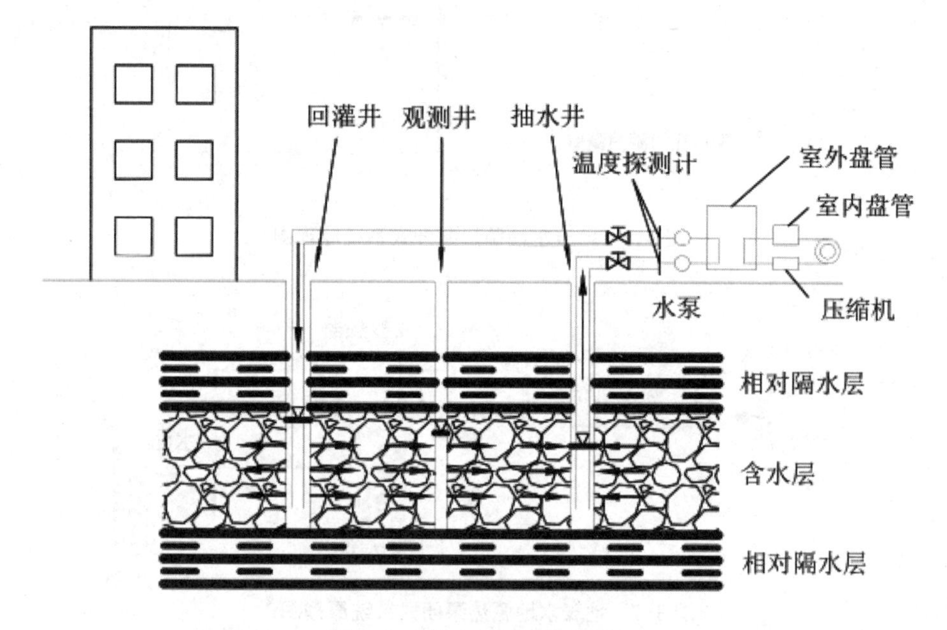

图 3-9　地下水地源热泵系统

地下水地源热泵系统可以通过抽水－回灌反复储热储冷，并在下一个季节利用，既可以用于冬天取暖，又可以用于夏天制冷，达到季节性储能和循环使用可再生能源的目的。地下水地源热泵系统具有地下水资源的循环、密封、可再生优势，密封的水环境既避免了地下水资源的消耗和污染，又解决了水冷却塔的污染问题，有利于环境保护和健康发展。其次，地源热泵采用中央空调集中供暖，不会排放因燃料燃烧产生的烟气，避免环境污染，替代了锅炉燃烧等传统取暖方式，避免了城市热岛效应的产生，有利于环境的绿色、健康和可持续发展。

同一个地区的地质构成也是有差异的。这给人们认识地下水渗流过程带来了诸多困难，很多地下水地源热泵的不合理规划和设计都是对地下水运移规律缺乏系统性了解造成的。在地下水地源热泵抽灌地下水的过程中，抽水井与注水井之间的热贯通将直接导致系统效率的下降和工程寿命的缩短，还可能对地质环境造成不利影响。

1. 地下水地源热泵系统的分类

地下水地源热泵系统在长期的开发建设中分为多种类型，在最早开发时，大多关注系统的取水功能，忽略系统的回灌影响。随着开发建设，地下水地源热泵系统分为多种不同的类型。地下水地源热泵系统可按含水层的水回路和回灌方式分类，具体如图 3-10 所示。

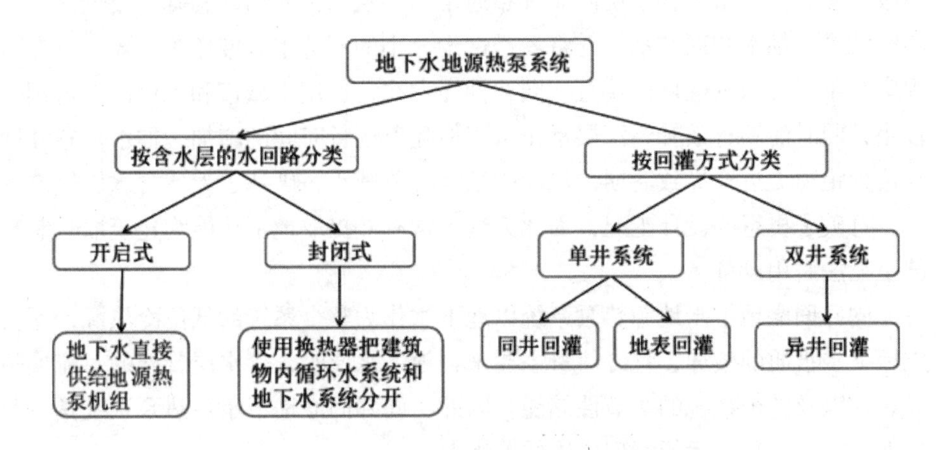

图 3-10　地下水地源热泵系统的分类

地下水地源热泵系统按照回灌方式分类可分为单井系统和双井系统，如图 3-11 所示。其中，地表回灌和同井抽灌方式均属于单井系统，异井回灌方式属于双井系统。双井系统指包含抽水井和回灌井的系统，并非特指井的数量。

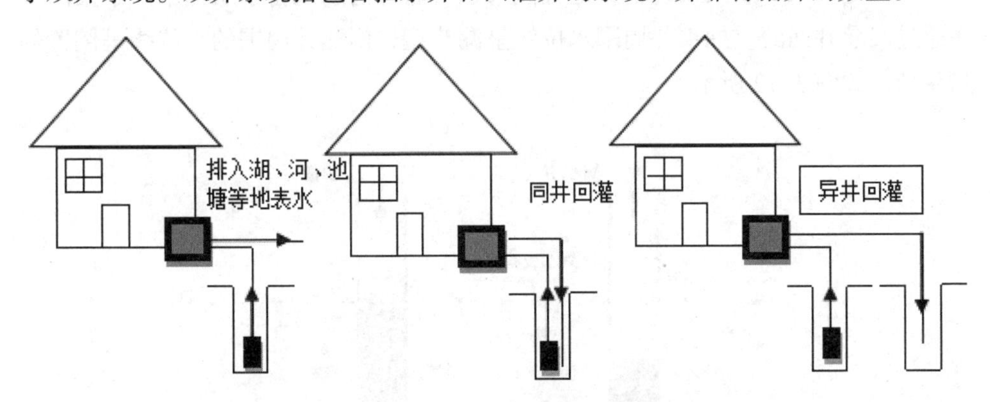

图 3-11　地下水地源热泵按回灌方式分类示意图

其中，地表回灌方式一般是将回灌水直接排放至河道或者进行沟渠行水回灌，回灌方式操作简单，但要求回灌水的排放场地要在渗透性较强的区域进行，并且对地形要求较高，不恰当的地表回灌将对下游区域造成不可预计的后果。同时回灌场地的位置不能距离地下水地源热泵系统太远，因此地表回灌具有较强的局域性。另外，由于初始地下水质与回灌水的水质不同，回灌水对地下水资源是一种污染，长此以往会造成不可弥补的后果。

对于同井回灌方式，只需要打一口井即可完成抽水和回水，利用的是含水层梯级抽灌方式。由于含水层砂质分布通常是层状的，在粗砂和砾石类型渗透性强的区域进行抽水和回灌水，并将渗透性十分小的不透水区域作为分隔，可在一定程度上避免抽灌水区域的接触。同井抽灌方式，适用于城市和工业区，占用场地较小，同时能够有效补给深层承压水。但随着运行时间的增加，抽水位置和回灌水位置距离太近，导致后期抽水和回灌水温差减小，破坏了天然含水层储能的特点，打破了机组的设计工况，因此无法正常有效提取地下热能为建筑取暖制冷，甚至无法启用设备。

同井回灌地下水地源热泵系统以地下水作为整个系统的低位冷热源，不会造成地下水水质的破坏，且冷热量主要来自地下水原水、含水层骨架的对流换热和导热，以及整个系统的季节性储能。因此，同井回灌地下水源热泵系统具有节能环保、能效比高、运行管理费用低等优点。

异井回灌方式是目前新建地下水源热泵系统中使用最多的方式，通常使用一抽一灌或者一抽多灌的方式。抽水井与回灌井有明确区分。抽水井通常设置在回灌井的上游，并且要求抽水井与回灌井间距在一定范围以上，以避免发生热贯通现象。在地下水源热泵系统中，地源热泵系统通过潜水泵将水从抽水井中抽出，并通过回灌井回灌。抽水井周围水位线呈漏斗型，回灌井周围的水位线呈倒置的漏斗型，如图 3-12 所示。

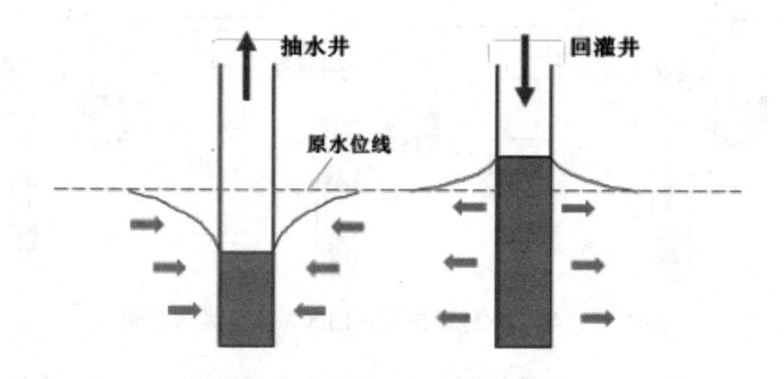

图 3-12　抽灌水井剖面水位线

从地下含水层的水回路来看，地下水地源热泵系统可分为两类，分别为开启式单井地下水回路系统和封闭式双井地下水回路系统。

在开启式单井地下水回路系统中，通过将地下水用喷淋冷却方式利用热量，或直接将温度较低的地下水用于工艺冷却或者洗涤等。由于开启式单井地下水回路系统的造价较低，排放方式简单易操作，在早期开发研究时普遍应用，但由此也会造成地下水水位持续下降，并且由于回灌量不足，甚至引起地基沉降等问题。因此无法继续推广该类型的系统。

在封闭式双井地下水回路系统中，地下水不进入循环水系统，交换的仅是热量。为了控制地面沉降，一般要求回灌水量要大于抽用的水量。在水质方面使用板式换热器将地下水与建筑物内的循环水系统分开，进行单独循环运行，原则上按照政府规定要求的 100% 进行回灌的话，可以维持地下水的水压和水量。但是在实际工程开发过程中，工程人员仅根据经验对地质的渗流情况进行考察，以此来判断地层的回灌能力，但对长期运行后的地下温度场情况通常无法准确把握。若长期运行，当地土壤会出现热量失衡问题，严重影响周围生态条件，其严重程度不亚于大气污染和水源污染。因此，对于封闭式双井地下水回路系统来说，对回灌水的热量运移十分重要。

2. 地下水地源热泵系统的特点

使用地下水地源热泵系统不仅节能环保，在工程建设方面同样有巨大的经济效益。对地下水地源热泵的开发和建设在技术指导下能够有效避免系统后期出现无法使用的问题。正确的开发利用能让该技术有希望成为一项可持续开发的经济节能高效的技术。

（1）从节能减排角度考虑

在环境保护方面，该系统通过自然方式间接利用了太阳能，充分利用了可再生能源。用地下水作冷热源，用密闭系统向地下蓄水层散热或吸收热量，避免了地下水的破坏和污染。不需要用冷却塔来消除冷却水的消耗。

（2）从区域能源供应限制的角度

在许多地区，没有城市供热、热力发电厂、集中供热厂或可提供热量的企业或工厂，不适合发展锅炉集中供热。地下水地源热泵系统为当地建筑物提供了集体供热和制冷的可能。

（3）技术优势

该热泵系统可用于加热和冷却以及生活热水。一台机器可以用于多种用途，可以代替原来的两套锅炉或空调，运行过程无燃烧，因此不产生高温高压气体，且不易结垢，设备使用寿命长。由于全年的地下水温度保持恒定，因此，设备的工作条件稳定，不受室外环境的影响。

（4）经济优势

初始投资减少，消除了对常规系统中冷却塔、锅炉系统、锅炉房占地面积和安全消防设施的需求，与常规系统相比，将初始投资减少了 20% ～ 30%。该热泵系统的热功率是电锅炉的 25%，制冷功率消耗小于分体式空调的一半，至少节能 30%。

（5）政府的补贴政策

政府鼓励建设适合当地制冷和供热条件的热泵系统。对于采用热泵系统的，可以按照政府批准的建筑面积，由政府安排一次性补助。

二、地热供暖技术

（一）干热岩供暖方案

1. 干热岩资源

干热岩资源是地壳内部温度较高的结晶质岩体，由于地层内部岩浆中的放射性物质发生了热核反应释放出的巨大热能，随后通过地层中的断裂带作为媒介将热量传至地面而形成这种绿色清洁的能源。干热岩型地热能的形成与地球构造息息相关。

在地球内部，各层的温度是不同的，地球构造如图 3-13 所示。原因是内部有高温的岩浆溶液，从地表以下，每深度下降 100 m 温度就会升高 3 ℃，同时在地热异常部位温度升高随深度增加得更快。据有关资料，在我国华北平原的某一个钻井，当井深达到 1000 m 时温度达到 46.8 ℃，当井深达到 2100 m 时温度升高到 84.5 ℃；对于另一钻井，当井深达到 5000 m 时井底温度为 180 ℃。各种统计资料表明：地壳底部和地幔上部可达到的温度为 1100 ～ 1300 ℃，地核内部的温度为 2000 ～ 5000 ℃。这种深层干热岩型地热能所蕴含的能量是相当的大，其资源储量是全球所蕴藏的石油、煤炭和天然气等其他资源储量的 30 倍。

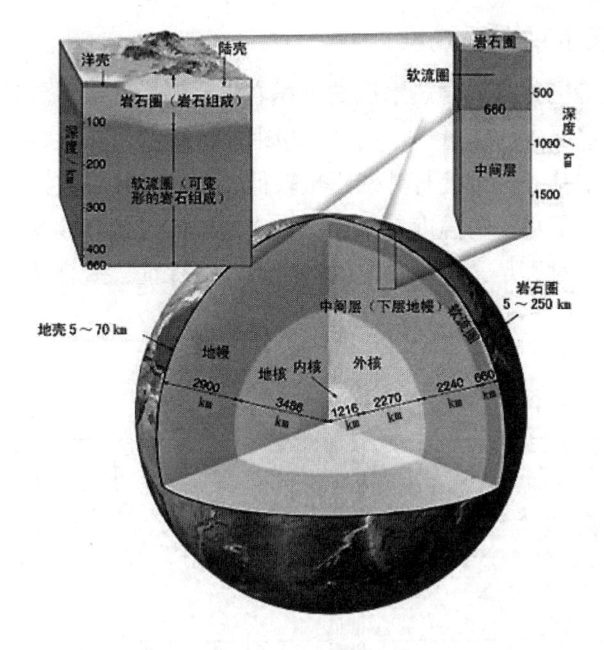

图 3-13　地球构造

2. 干热岩供暖系统影响因素

干热岩开采的影响因素是此开采系统的换热量与寿命问题，在进行干热岩开采的过程中，前期需要的选址勘探工作涉及地球物理、大地构造等技术要求。技术开采时又涉及定向井深钻、井下对接等，如图 3-14 所示。因此，影响其系统换热量与寿命的主要原因可以归纳为两个方面：①地壳岩体的热容系数、原始温度、温度梯度、干热岩空间分布范围等客观因素；②钻井深度、井下对接的距离等相关因素。

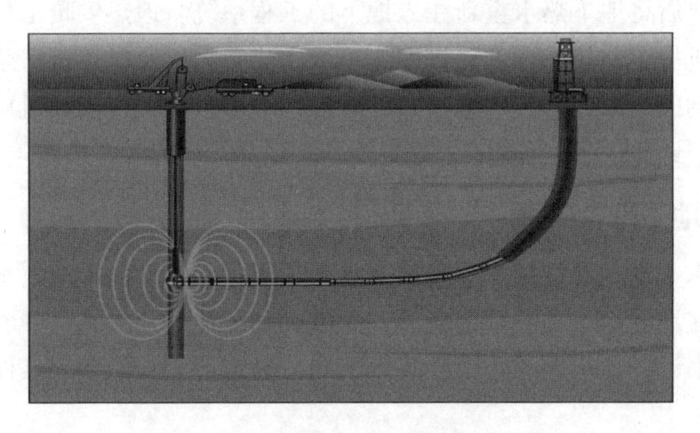

图 3-14　干热岩开采系统示意图

（二）温泉水供暖系统设计

温泉水供暖是把井打入含热水层的沉积岩中，将换热器下放到地下流水中，通过换热器将热水层中的热量提取出来，如图3-15所示。该方法需要的井深较小，不涉及在干热岩中钻井，因此打井费用也较低。水的导热系数比较高，热量换取速度较快，但是地下热水的温度有限，沉积岩的温度与传热效率比较低，地下热水的热量补给也相对不足，热量提取的持续性难以保证，适合地下热水资源比较充足的地区。

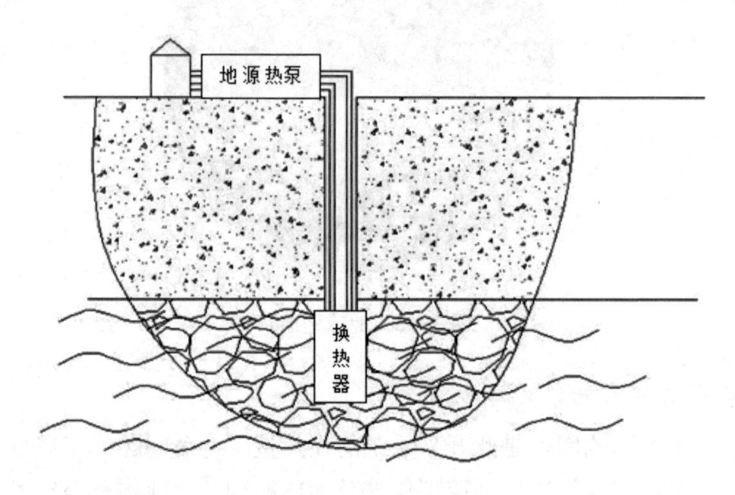

图3-15 温泉水供暖方案示意图

三、地热供暖工程系统

地热供暖工程系统是一个通过抽取地下热水，经换热站换热后为居民提供供暖服务，换热后将地下热水重新注入地下的工程系统。地热供暖工程系统包含地热井、供热机房、地热井至供热机房的一级供热管网以及供热机房至小区红线的二级供热管网四个部分。其中地热井部分为地下取水工程，供热机房及一、二级供热管网属于地面供暖工程。

（一）地下取水工程

地下取水工程是通过钻探开采地下水的工程项目，为保证地下水资源利用的可持续性，在地下水工程开钻之前，首先需要确定地热井的采水井和回灌井设置比例，通常来说，各个地区的回灌条件不同，确定地下水的回灌条件才能确保地下水能 100% 同层回灌。企业需要根据当地的地质情况、热储的形式，选定合适的采灌比例，例如，裂隙型基岩热储回灌相对而言较容易，通常采用 1 ∶ 1 比例设置采水井和回灌井，而砂岩型热储回灌较为困难，通常需要按照 2 ∶ 3 甚至 1 ∶ 2 的采灌比例设置回灌井。

在钻井工艺上，地热井的钻探可分为直井钻探和定向斜井钻探两种，直井具有成本低施工简单等优点，定向斜井具有可定制方向，井内套管长度大利于回灌等优点。通常来说，采水井一般都会采用直井方式，这样的钻井工艺一方面降低了工程难度，另一方面可以节约钻井的成本。在井深结构上，出于成本以及安全的考虑，地热供暖项目一般采用“两开”结构。“一开”选用大口径钻头，去除表层较为松散的地层结构，同时较大的开口可为后续的潜水泵放置留下更大的空间，二开采用小口径钻头，降低施工难度和施工成本。

而在回灌井的选择上，选择有一定斜度的定向井更具优势。一定的斜度会增加回灌井内套管的长度，有利于地热尾水的回灌，更为重要的是，从节约管网长度、便于运维等角度，采水井和回灌井一般会在同一站房内开展钻探，两者井口之间的距离不过数米，以定向井作为回灌井可以拉开采水井采水区域和回灌井回灌区域的距离，使地热水在地下流动的过程中充分吸收地热能源，尽可能减小尾水回灌对采水井采水层温度的影响，通常来说，两者之间的距离需要在 500 m 以上。

（二）地面供暖工程

地面供暖工程主要包括换热机房以及一二级管网。目前主流的地热供暖项目采用的地下水一般为地下 2 ～ 3 km 馆陶组或奥陶组地下水层，根据一般性地温梯度，在该埋深的地下水水温一般在 70 ～ 100 ℃。采用该含水层的地下水一方面可以满足地方对于地下水开采的环保要求，另一方面综合考量了施工和运维成本，选择该埋深的水层用于供暖项目具有较好的经济性，采用两级板式热交换器、一级热泵机组的模式进行供暖，地热水经高区板式热交换器提取热量后，再通过低区板式热交换提取热量，最后通过热泵机组提取热量。提取完热量的地热尾水通过回灌井回灌至地下。

（三）排放物对比

地热供暖是一种清洁无污染，以一个可以为 20 万 m^2 用户提供供暖服务的项目为例，地热供暖和天然气供暖数据对比，如表 3-3 所示。

通过对比表可发现，同样面积的地热供暖与天然气供暖相比，可以有效降低 SO_2、NO_x、CO_2 等污染物的排放，其中 SO_2 的排放量下降了 74.36%，NO_x 的排放量下降了 74.34%，CO_2 排放量下降了 74.35%。显然地热供暖是一种对环境十分友好的供暖形式。

表 3-3　地热供暖和天然气供暖数据对比

项目参数	单位	地热供暖	天然气供暖
面积	$\times 10^4 m^2$	20	20
供热量	$\times 10^4 GJ/a$	6.16	6.16
耗气量（折标煤）	$\times 10^4 m^3/a$		192.35（2308.21）
耗电量	$\times 10^4 kW \cdot h/a$	182.64	7.26
电折标煤	t/a	597.25	23.76
折算标煤合计	t/a	597.25	2331.96
SO_2 产生量	t/a	20.49	79.92
NO_x 产生量	t/a	4.83	18.83
CO_2 产生量	t/a	1470.96	5736.64

四、我国地热供暖发展的影响因素

（一）地质与生态因素

根据资源禀赋理论，一个国家或地区会选择生产自身资源禀赋较高的产品，而进口那些需要利用当地稀缺生产要素的产品，从而实现其利益的最大化。在地热供暖中，地热能源储量及分布情况的差异即为其资源禀赋差异，加之地热能源难以实现像传统能源一样的远距离运输，因此这种差异会对各地区地热供暖的发展产生十分重要的影响。我国大多数城市处于蕴藏有丰富中低温地热能源的沉积盆地中，可以就近取材、因地制宜地发展地热供暖。

同时，地热能源虽为清洁可再生能源，但在其利用过程中依然会对外部环境产生影响，即产生负外部性，这些不良影响直接阻碍了地热供暖的发展。一方面，地下热水开采后如果不进行回灌必然会引起地下水位的下降，甚至造成地面沉降；另一方面，地热水中含有大量的矿物质，如果供暖后的尾水处理不当，随意排放，将可能引起整个生态系统的变化。因此，我国在鼓励发展地热供暖时，必须将其可能对外部环境的影响考虑在内，尽量减少地热供暖产生的负外部性，通过统一的规划管理和技术的升级完善来保障我国地热供暖的持续发展。

（二）投资因素

投资对产业成长的作用可以归纳为两个方面：一是直接作用，通过初始投资的增加扩大产业的规模，实现量的扩张；二是间接作用，将投资用于技术研发，推进技术的进步，从而实现产业的升级。

地热供暖属于高技术产业，建设初期投资较大且回收期较长，在发展初期需要通过投资来扩大项目规模、增加项目数量，且地理勘探失误的可能性使得投资有很大的风险。在发展成熟后，投资则更多地需要被用于地热供暖相关技术的研发和创新，通过技术进步推动我国地热供暖的发展。从根本上来说，地热供暖的形成和成长本身就是投资的形成和积累过程。政府加强投资力度，并着力鼓励和吸引社会及民间资本的进入，对促进我国地热供暖的发展将起到至关重要的作用。

（三）技术因素

技术因素包含地热供暖的技术经济性及技术水平两个方面。地热供暖开发初期投资大、风险高、回收期长，对其进行技术经济性分析可以避免盲目投资。我国通常参考《建设项目经济评价方法与参数》对投资项目进行经济评价，以净现值、内部收益率、投资回收期等作为评价的指标。其中，净现值越高、内部收益率越高、投资回收期越短，项目越具有投资价值。地热供暖项目的经济评价主要包括初投资、运营成本和税金以及收入与补贴三个部分。其中，初投资涉及地质勘探、打井、换热站建设、管网的铺设等，占地热供暖成本的绝大部分；运营成本包括经营成本、管理费用、财务费用和税收费用四部分；收入则一般包括营业收入、贴费收入和清洁发展机制项目（CDM）收入。地热供暖的经济性分析如图 3-16 所示。

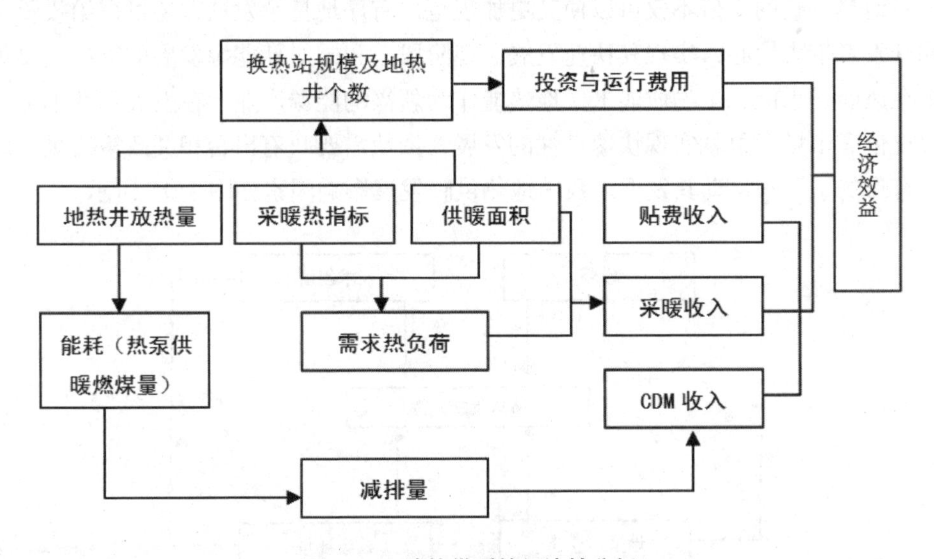

图 3-16　地热供暖的经济性分析

而技术水平的提高和技术创新是地热供暖发展的原动力。技术创新的主体包括国家、科研机构、企业等，其中国家是技术创新的主导者，科研机构和企业则是技术创新的提供者，各方共同为地热供暖的发展提供技术支持和人才保障。

（四）社会环境因素

1. 市场需求对地热供暖发展的影响

近年来，我国地热供暖的市场需求日益增加。首先，我国北方地区冬季天气寒冷，目前普遍使用集中供暖的方式进行供热，在内蒙古北部地区甚至可以达到每年八个月的采暖期：同时，南方地区近年来冬季也开始出现持续的低温雨雪天气，南方供暖问题再次成为行业关注的焦点。其次，住建部城镇供热专家组专家徐中堂在 2014 年初曾指出，我国集中供热能耗平均在 20 ～ 25 kg 标准煤 /m^2，高出欧洲同纬度甚至更高纬度国家一倍，而且欧洲国家的集中供热能耗还覆盖了夏日制冷和四季生活热水供应，加之近年来我国空气污染严重、雾霾频发、节能减排任务艰巨，在供热时使用新型可再生能源替代传统能源迫在眉睫。最后，国内居民生活水平的逐年提升、住房需求的日益增加以及环保观念的增强，在为我国房地产市场带来巨大商机的同时，也为地热供暖的发展和推广提供了广阔的空间。

2. 政策环境对地热供暖发展的影响

我国大多产业的发展都依赖于各个方面的配套政策措施，国家在法律、政策上对地热供暖的支持不仅可以使其更加规范、有序地持续发展，还可以给投资者和开发者带来信心，实现其快速发展。现阶段，我国对新能源发展的支持主要集中在风能、水能、生物质能上，地热能作为新兴的能源产业，在发展初期不可能仅仅依靠市场竞争就实现快速良性的发展，依然需要政府出台相关政策法规，以“有形的手”来推动其发展。我国地热供暖发展影响因素如图 3-17 所示。

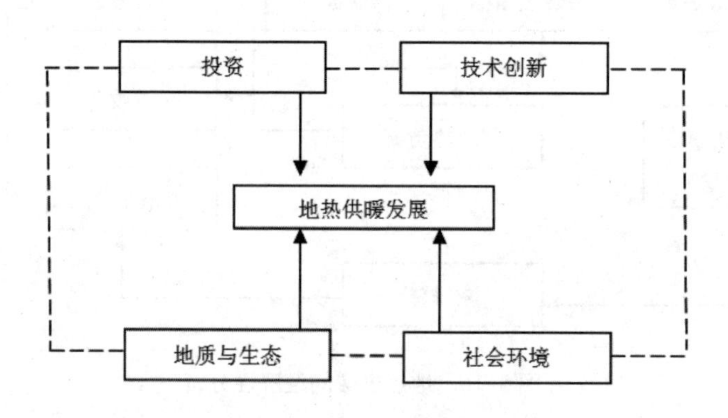

图 3-17　地热供暖发展影响因素

第三节　地热发电技术

一、地热发电技术概述

能源是人类生活中必不可少的物质，是经济发展中不可或缺的资源。近几十年，能源的消耗量不断增加，发电量随之攀升，如图 3-21 所示。随着一次性能源发电量的增加，由此带来的环境污染与破坏已不容小觑，可再生能源的开发利用有望缓解对一次性能源的高度依赖。目前，太阳能，风能发电发展较好，潜力巨大，而地热能也同太阳能、风能等一样蕴藏量丰富、安全，相比于其他可再生能源，该资源还具备稳定不受季节、昼夜变化的影响，热流密度大等特点。

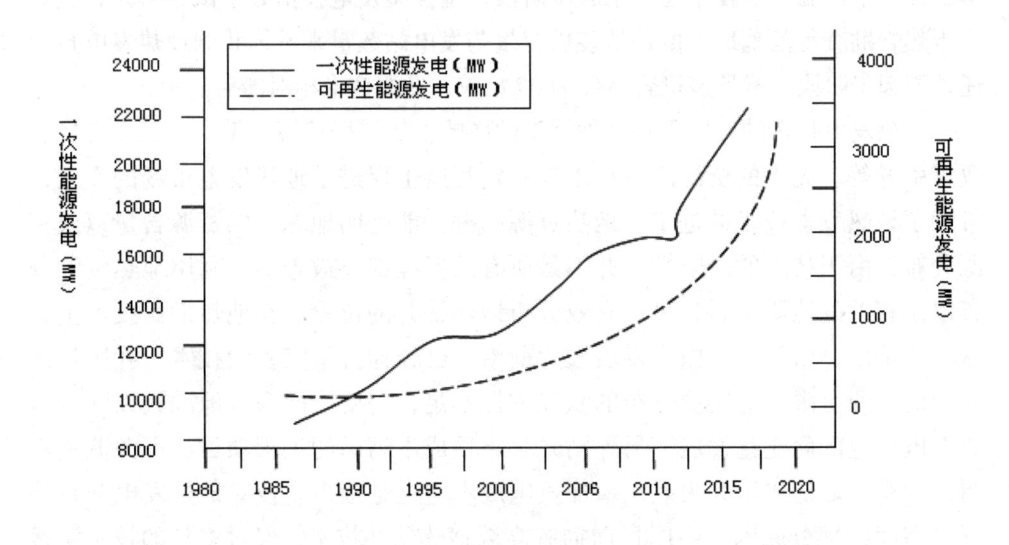

图 3-18　全球历年能源发电量

地热发电厂利用热液资源（既包含热水也含高温蒸汽）进行发电，能量转变过程为热能—机械能—电能。地热发电技术分分类方式多种多样，依据地热流体类型、压力等性质，可分为干蒸汽发电技术、闪蒸发电技术、双工质循环发电技术、增强型发电技术和地热能与其他可再生能源混合发电技术。其中干蒸汽发电技术、闪蒸发电技术在高温地热资源中转化效率高。双工质循环发电技术利用低于 150 ℃的中低温地热资源发电，可大大提高地热装机容量。增强型发电技术是利用干热岩资源进行发电，干热岩资源丰富、热能连续性好。地热能与其他可再生能源混合发电技术可提高电力稳定性。全球地热发电技术经过多年发展，处于不断优化和关键技术攻关中，不断提高地热资源的利用率是当前的发展目标。

我国地热资源蕴藏量丰富，以中低温资源为主，位居世界第六，占世界蕴藏量的 7.9%，其中水热型地热资源折合成标准煤为 1.25 万亿 t，发电应用的高温水热型地热资源主要分布在比较偏远地区，如藏南、川西等，中低温地热资源主要分布在东南沿海、东半岛及一些平原地区。埋深在 3 ～ 10 km 的干热岩资源分布以西藏为主，资源禀赋，折合标准煤达到 856 万亿 t 标准煤。从资源分布发现，我国地热能源分布极其不均，应用于发电的高温地热资源主要分布在西藏、云南等地，人口相对较少，电力需求相对较低，我国高温发电技术发展较为成熟，成本较低，中低温发电技术还处于起步阶段，增强型发电技术处于试验阶段，建立了干热岩勘查示范基地。但是从装机容量与发电站数量来看，我国地热发电行业还处于起步阶段，累计装机容量仅为 27 MW，发电技术相对滞后。

地热发电技术的发展受到多种因素的影响，如市场环境、需求、资金支持、政策引导等。先进的资源勘查技术在一定程度上促进了地热发电市场的发展，带动了地热发电技术的进步。地热资源的勘探能查明地球上的资源含量以及资源分布，由于技术的局限性，并不是所有的资源都能被查明。利用地热资源分布以及相关的地质资料，可以有效分析地热钻井的位置。在地热勘探技术上，冰岛、美国、新西兰等国家发展较为前沿，已经拥有了完善的技术。我国目前探明的资源有限，对资源分布的状况掌握不足，需要全面深入地勘查以配合地热发电行业的商业化发展。另外钻井是一项成本高昂的工程项目，资源调查不明确很有可能造成钻井失败，增加发电成本，这是很多企业对地热发电项目持观望态度的部分原因。中国目前拥有高温地热钻井技术，经过多年的技术实践与项目攻关已经形成地热钻井配套技术。

二、地热发电技术的发展路径

（一）闪蒸发电技术的发展路径

闪蒸发电技术是继干蒸汽发电技术的弊端提出的发电技术，该技术能够有效避免把含有腐蚀性物质、沉积物或者非致密性气体，如二氧化碳、氨气的地热流体送入涡轮机，既可避免发电设备结垢腐蚀，又可减少有害气体进入大气。闪蒸发电系统将地热饱和液体与混合物在分离器中分开，送进涡轮机。闪蒸发电系统分为单次闪蒸系统和双闪发电系统，其中双闪系统能增加 25% 的功能输出，提高地热资源的利用率。针对闪蒸发电技术，研究者首先提出单闪发电系统，该系统最后的尾水温度很高，为了更充分地利用地热温度，有研究者又提出了双闪发电系统，降低了尾水回灌温度，提高了地热资源的利用率。地热流体的闪蒸温度的选择很重要，第一次闪蒸温度影响第二次闪蒸温度、涡轮机效率、蒸汽量。随着研究者对技术的优化、其他可再生能源的发展以及新的发电系统的提出，出现了基于闪蒸发电系统的混合系统，比较典型的有闪蒸－双工质系统与热电联产－电池系统，主要用于冷却、加热、发电、热水和制氢。由于太阳能等可再生能源发电的大力应用，出现了将地热能与太阳能等可再生能源混合发电的技术。

在发电技术应用过程中，出现了很多研究方法，如热经济分析法、多目标优化法、多准则决策分析法以及排序遗传算法等。在发电技术方案、关键设备和工质液体选择等优化过程中，应根据实际情况选择合适的计算方法进行分析论证。

在技术优化方面，关键设备的更新是提高资源转化率的一种手段。在混合系统中，对于双工质循环系统中的工作液体的选择是系统优化的一个方面。研究者通过建立热力学模型，改变多种工质液体，如环境友好型制冷剂和烃类的 30 种工作流体，利用火用破坏作为性能指标，研究系统做功情况。闪蒸发电技术的研究主要体现在三个方面：地热资源在转化过程中的能量分析，能量利用过程中的成本经济分析及基于可持续发展的环境生命周期评价。

一般在资源利用前期考虑的是能量转化率的问题，优化的目的是提高能源利用率。当技术发展到一定水平时，成本问题便不容忽视，因为成本经济直接影响研究领域是否能够扩散。最后阶段需要考虑的便是可持续发展问题，在保持经济成本可行的前提下应对环境影响较小，实现长远发展。

（二）干蒸汽发电技术的发展路径

干蒸汽发电系统是指以干蒸汽为主的发电系统。其工作原理如图 3-19 所示，首先将地热井抽出的干蒸汽通过净化分离器过滤掉直径较大的固体颗粒，然后送入汽轮机进行做功发电，最后由汽轮机排出的乏汽经过冷凝器、冷却塔回灌至地下，其所用设备与常规火力发电厂相同。该发电系统主要针对参数较高的干蒸汽地热田，具有安全可靠、对环境影响小等优点，一般适用于高温地热资源。干蒸汽发电系统与闪蒸发电系统非常相似，不同之处在于干蒸汽发电系统使用净化分离器代替了闪蒸器，发电过程仅使用蒸汽，不产生任何含矿物质的卤水，因此对环境造成的影响低于闪蒸发电系统。目前，全球共有63座干蒸汽地热发电站，主要集中在美国、意大利和日本等国家，装机容量约占全球地热发电总装机容量的22%。

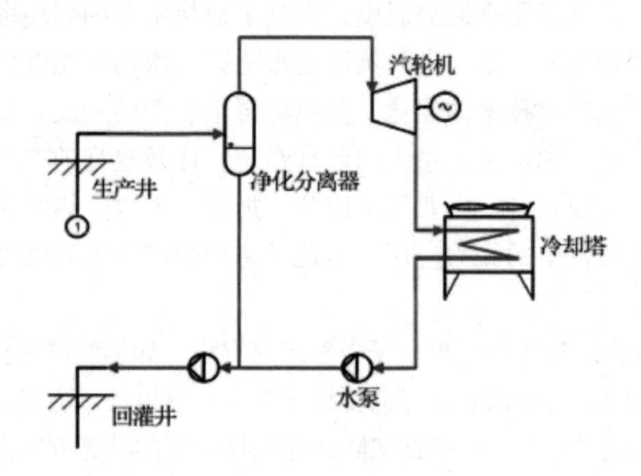

图3-19　干蒸汽发电系统的工作原理

（三）双工质循环发电技术的发展路径

双工质循环发电系统的工作流程是从地下获得地热流体，经过蒸发器把热量传递给沸点较低的有机工质，温度降低的地热流体又注入地下。吸热变成气体的工质通过涡轮机，进入冷凝器，降温变成液体，完成一个循环。双工质循环发电技术有很多的技术变体，包括有机朗肯循环技术及卡琳娜循环技术，而卡琳娜循环系统是更复杂的有机朗肯循环。

地球上以蒸汽为主的地热田的数量有限，加之相关规定要求减少气体污染物排放，故高温地热田的开采有限，研究者便把研究点放在低温地热资源上，有效增加可开发的地热资源量，但传统的发电技术都是针对高温地热资源的，因此针对以液体为主的地热资源，研究者提出采用封闭式有机朗肯循环，利用相关有机工质，防止气体排放到大气中污染环境。

对双工质循环发电系统主要是分为五个方面来进行研究的，其中最重要的是发电系统的优化及相关的分析方法。在该聚类中出现很多发电系统：混合发电系统、增强型发电系统、卡琳娜发电系统等，表明在进行这些技术研究时，有很多文献提到这些技术存在的联系、差距以及发电效率。研究者研究分析了有机朗肯发电系统中的关键设备、关键技术、循环工质等，提出了两级有机朗肯发电系统、跨临界有机朗肯发电系统、可再生有机朗肯发电系统等。

系统优化的同时伴随着相关的分析方法改进，表明新的系统在某些方面优于原来的发电系统。研究者从技术经济、整个生命周期的评估以及技术的多目标优化等多方面对技术进行优化设计。蒸发器、换热器、冷凝器等都是发电系统中的关键设备，这些设备的效率会影响到整个发电系统的转换率，因此关键设备的优化是技术更新中非常重要的一个方面。如把该发电技术应用到废热发电、浅层热源发电系统、城市供热系统中，可在提高发电效率的同时降低发电的成本，有效推动地热发电市场的发展，吸引更多的力量加入。

（四）增强型发电技术的发展路径

增强型发电技术又叫深层发电技术、干热岩发电技术，在地表下深处钻井，利用人工注入低温流体，将地热资源热量通过流体的方式带到地表加以利用。一般增强型地热技术利用的地热资源都在地下 3 km 以下，对钻井的设备要求比较高。干热岩的开发采用的是压裂处理的方式，使岩体中裂缝相互连通，从高温岩体中获取热量。同时在压裂过程中需要对岩体裂缝的走向、形态进行监测，在复杂的地质情形下，裂缝很容易发生变化，如温压场的分布不均。

近年来，研究者基于基础研究得到了一些突破性进展，比如利用油藏模拟技术评估地下热能及其分布情况，提高地下热能的利用率。增强型地热发电技术与油气藏压裂改造相似，可以借鉴相关技术。利用石油、天然气开发后形成的废弃油气井，可以降低地热资源的开采成本，减少废弃井带来的环境影响。在干热岩开发利用时，需要时刻注意岩体的变化，裂缝的扩展，流体的流动方向、速度、大小，岩石与注入流体之间的热交换，这些都需要借助数值模拟建立相关模型进行分析。干热岩的利用常常会引发微地震，部分地区因地热资源的利用会发生地震，因此利用该技术时，必须检测地质活动，设置相关的减震措施，在工程开发过程中采取全面的监测以及预警措施。

相比于其他发电技术，增强型发电技术涉及几个地热资源地区，是研究者重点关注的地方，分别是中国的羊八井地热田、恰卜恰地热田以及两个国外的地热田。羊八井地热田在我国西藏地区，羊八井地热发电站是我国地热发电的标杆，拥有丰富的高温地热资源，但是我国的增强型地热发电技术还在起步阶段，国外的增强型发电技术已经应用到发电厂中，处在关键技术的研究阶段。

第四节　地热制冷技术

一、地下水直接冷却

（一）地下水直接冷却技术

地下水直接冷却技术即采用地下水直接制冷的技术，它是一种新型的舒适性空调技术，该技术的制冷原理是将浅层地源作为冷源，抽取地下水，不经过制冷机，直接将其送入室内空气处理机组的换热器中，和室内空气进行热交换后将空调回水回灌到回灌井或蓄水池中，从而将地下储存的冷量释放给室内环境，保障室内设计温度。地下水直接冷却技术不仅可节省制冷机等设备的投资，还可以节省制冷机运行消耗的电能，同时又可避免制冷剂泄露带来的污染，是一种高效节能的空调技术。

地下水直接冷却系统不需要使用冷却塔、冷水机组等体积庞大的配套设备，减少了系统占地面积，具有节能、环保等诸多优点，极适用于经济水平有限的农村或小城镇的办公和住宅建筑。以双井回灌的地下水直接冷却系统为例，地下水直接冷却系统的原理图，如图 3-20 所示。双井回灌的地下水直接冷却系统是指从抽水井抽水，通过表冷器与空气换热后回到另一回灌井；此系统中抽水井和回灌井通常需要保证一定距离从而确保抽水井的水温基本恒定。

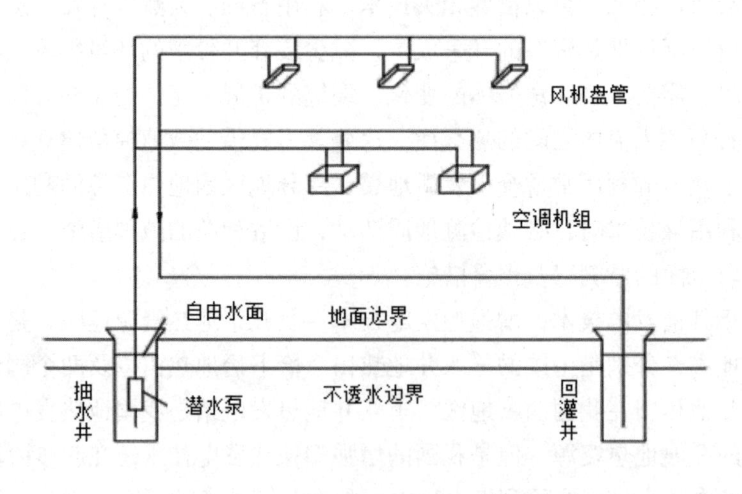

图 3-20　地下水直接冷却系统的原理图

（二）地下水直接冷却系统的特点

①耗电量低。地下水直接冷却系统全程只有水泵和风机消耗少量电能。而热泵或传统的蒸汽压缩制冷空调系统需耗费大量电能驱动压缩机。

②投资低。直接冷却系统的初投资为机械压缩制冷系统的 35% ～ 65%。

③能效比（COP）高。文献显示地下水直接冷却空调的 COP 值高达 11.8，远高于热泵逆循环机械压缩制冷的 3 ～ 4.5。

④环境污染排放低。地下水直接冷却系统与压缩制冷系统不同，不使用制冷工质。不存在制冷剂泄露导致的大气层污染与气候变暖问题，具有显著的环保效益。

⑤噪声低。由于直接冷却系统无压缩机运行，因此产生的噪声较小。

⑥结构简单。不需要复杂的制冷剂管路系统，运行维护方便。

⑦能满足室内热环境要求。即使室外温度达到 35 ℃，采用地下水空调系统也可以使房间温度保持在 25 ～ 28 ℃，足以满足舒适性空调要求。地下水直接冷却系统不需要使用冷却塔、冷水机组等体积庞大的配套设备，减少了系统占地面积，具有节能、环保等诸多优点。

二、蒸发冷却

（一）蒸发冷却技术

蒸发冷却技术利用水的蒸发吸热制冷，不使用氟利昂系列制冷剂，是一种节能环保的空调技术。许多村镇地区靠近江河、湖泊，地表水资源丰富，有利于发展蒸发冷却技术。蒸发冷却技术投资较少，节能显著。有研究表明，与普通的蒸汽压缩制冷系统相比，蒸发冷却系统的 COP 值可提高 2.5 ～ 5 倍，从而显著降低空调制冷能耗。蒸发冷却技术根据冷却空气的不同，可分为直接蒸发冷却技术和间接蒸发冷却技术两种。

1. 直接蒸发冷却技术

直接蒸发冷却技术是指空气与水直接接触换热的一种蒸发冷却方式。直接蒸发冷却过程：利用水喷淋空气，水的蒸发使空气温度下降，湿度增加。如图 3-21 所示为地下水直接蒸发冷却技术处理空气的过程。设夏季室内状态点为 N，其温度为 t_N，室外状态点为 W，室外状态点的干湿球温度分别为 t_W 和 t_{WS}，O 点代表直接蒸发冷却过程的终状态，O 点接近饱和的程度取决于空气和水热湿交换的效率 η_Z。η_Z 越高，则 t_O 越接近 t_{WS}，冷却效果越好。

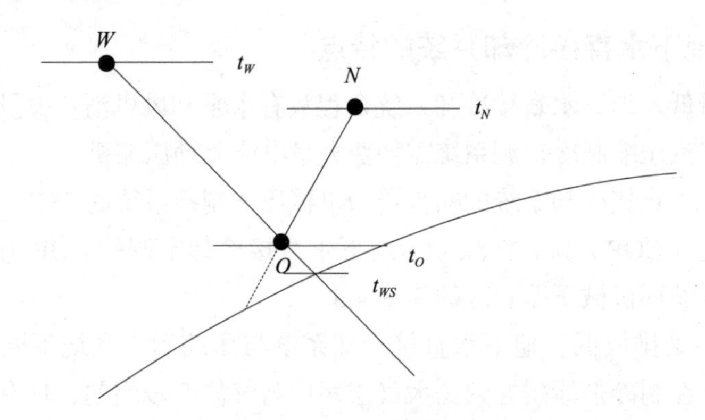

图 3-21　地下水直接蒸发冷却技术处理空气的过程

2. 间接蒸发冷却技术

间接蒸发冷却技术是将直接蒸发冷却过程中产生的低温高湿空气作为冷媒冷却室内空气的制冷方式。间接蒸发冷却过程由于被处理的室内空气不与水直接接触，所以空气温度下降而含湿量不变。地下水间接蒸发冷却技术处理空气的过程如图 3-22 所示。O_1 点代表间接蒸发冷却过程中被处理空气的终状态，其他参数点含义与图 3-21 一样。被处理空气的冷却过程是等湿降温过程。

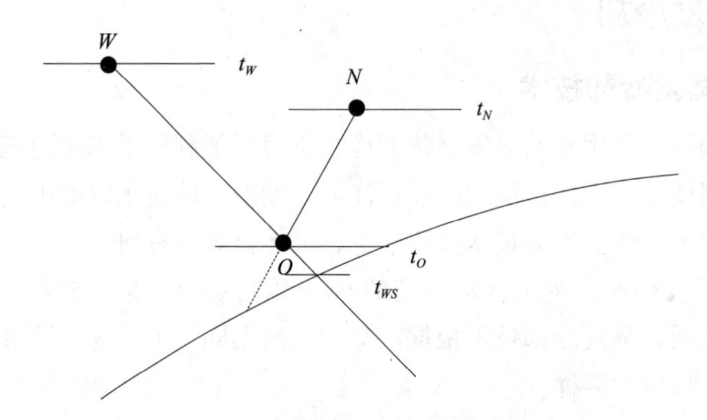

图 3-22　地下水间接蒸发冷却技术处理空气的过程

（二）蒸发冷却技术与自然通风相结合的应用

自然通风是一种很好的空气调节方式，它利用建筑物自身的风压或热压差通风，不消耗任何能量而达到改善室内空气品质的目的。村镇地区建筑物密度较小，建筑物周围较空旷，其条件很有利于自然通风。因此，蒸发冷却技术在村镇地区的应用可考虑与自然通风相结合，这样在降低室内空气温度的同时还可改变湿度，不但能更好地满足人体的舒适性要求，也能达到节能的目的。但是蒸发冷却技术适用性较强的地区多为干燥炎热的地区，这种地区气候的显著特点之一是风大、沙尘暴现象严重。因此，考虑将自然通风与蒸发冷却技术相结合时，通常需要对空气进行除尘处理，从而确保进入室内的空气质量达到要求。

三、小型地源热泵

小型地源热泵是相对于目前广泛使用的大型地源热泵而言的，其应用范围一般是针对一户或几户住户，其特点非常适合于村镇小型建筑。小型地源热泵在村镇地区的应用研究主要是充分利用我国农村地域广阔、资源丰富的特点，解决目前村镇住户夏季空调用能不合理的局面。小型地源热泵和目前广泛应用的大型地源热泵相比，具有以下特点。

第一，利用村镇建筑室外空间较大的特点，小型地源热泵将风机冷凝器、蒸发器和压缩机都组合成一个整体机组放于建筑物外部。室内部分使用全风道系统，由送风机送风至各个房间。回风可采用吊顶回风。这类系统的优点是机组不占用室内空间，初投资低、可最大限度地减小室内噪声。

第二，系统采用制冷剂与室内空气直接换热的换热方式。这类系统的主要优点是系统简单化，省去了冷冻水系统，减少了易损部件，简化了换热过程，简单经济。小型地源热泵相对于小型空调机组而言，虽然初投资较高（主要是地源井费用较高），而且安装相对复杂，但是它具有节能、环保、美观、运行费用较低等优点，在我国提倡节能减排的大背景下，小型地源热泵的发展具有广阔的前景和深远的意义。

小型地源热泵的研究刚刚起步，现有的很多研究主要针对系统的机组本体技术和系统优化进行改造和探索。北京工业大学已经开发研制出适用于150～250 m^3 的中小型建筑采暖系统的小型地源热泵机组，并对机组进行了很多技术改造以提高其性能系数。

小型地源热泵系统的运行效果随着地源端形式的不同而不同。不同地区、不同气候条件、不同地质水文条件，地热资源都会有很大的差异。种种因素都会对小型地源热泵系统的设计和运行带来影响，如地埋管换热系统，岩土体热物性对地埋管换热器的换热效果及整个系统的运行都有很大影响，单位长度埋管换热能力的差别可达3倍甚至更多。

第五节 地热回灌技术

一、全球地热回灌发展历程

回灌工作开始于20世纪60年代后期，目前，在美国、德国、法国、冰岛、新西兰、意大利、日本、菲律宾等国家都得到了不同程度的应用。第一个高温地热田回灌项目于1969年在萨尔瓦多西部阿瓦查潘（Ahuachapan）地热田进行了实施，同年第一个中低温地热田回灌项目也在法国巴黎盆地进行了实施。自1970年后，全球的地热回灌项目开始增加。意大利拉德瑞罗（Larderello）地热发电站是世界上第一座地热发电站，为了处理蒸汽冷凝水，1974年开始采用回灌技术，长期试验表明，回灌可使储层压力有所回升，产量显著增加。

美国盖瑟尔斯（Geysers）地热田是世界上最大的地热田，针对热储压力下降过大导致的地热田产汽量和发电能力严重下降的问题，同时为了处理蒸汽冷凝水，1970年开始进行回灌，结果表明回灌明显改善了地热田的产能。因此，该地热田对回灌的重视程度越来越高，目前除了用冷凝水进行回灌，还可用地表水和处理过的城市污水进行回灌。美国大约有20%的地热项目在回灌时遇到过采出液温度下降、产量下降、地下水污染等问题，但这些问题大多可以通过精心的勘探选址、合理的开发设计和谨慎的现场作业来避免，即使意外发生此类问题，也可以通过调整回灌设计来缓解。

法国巴黎盆地地热回灌是中低温地热储层进行长时间开发和回灌的成功案例之一，巴黎盆地是沉积盆地型中低温地热田，地热资源丰富，主要地热储层为道格统灰岩含水层，水温高于50 ℃，埋深1700～1800 m，流量每小时达150 t。主要利用方式是冬季供暖，地热水经过地面换热后直接输送到市区建筑群为居民用户供热（包括采暖、饮用及生活用水），部分热水还可输送到工厂作为工业用水。

地热回灌系统具有独特性，每个回灌工程都会因为地质条件不同而存在差异，但是同一类型地热储层中仍有相似之处。水热型地热系统通常需要回灌来维持地层压力，避免压降所带来的产量下降，同时需要合理的井距来避免热突破。以液体为主导的汽–液两相系统分为低焓、中焓和高焓三类，低焓系统特点是裂缝和渗透率相当高，当地层压力下降时，这个系统会有来自边界的强力水补给，在生产过程中不会耗尽水；中焓系统渗透率通常低于低焓系统，一般只有少数明显裂缝，地层压力下降时，井筒附近会发生局部沸腾，导致流体焓升高；高焓系统一般裂缝数量较少，岩层致密，渗透率较低，会在生产井筒附近发生局部沸腾。以蒸汽为主的两相系统会生产蒸汽和大量不流动的水，由于储层和边界的渗透性，补水量有限，随着生产过程压力下降，需要回灌来维持地层中的液体含量。

二、国内地热回灌发展历程

我国地热资源丰富，具有很大的开发潜力，水热型地热资源年可采资源折合标煤为 18.6511×10^{8} t，其中中低温地热资源占比达 95% 以上。全球水热型地热供暖装机容量为 7.556×10^{9} W，占世界地热直接利用总装机容量的 10.7%，我国近 10 年来水热型地热直接利用以年 10% 的速度增长，连续多年位居世界首位。北京从 20 世纪五六十年代开始进行地热勘查和利用，90 年代末开始进行初步的回灌试验，2004 年北京市地热管理部门颁布多项政策限制开采、鼓励回灌。天津地热资源丰富，利用较早，出台了一系列法规规范地热回灌，通过审批控制和地热水回灌资源费优惠等手段鼓励地热回灌，并建立了监管平台。我国的回灌试验始于 20 世纪 70 年代末，分为四个阶段，分别对浅部新近系孔隙型热储回灌、蓟县系雾迷山组基岩热储回灌、基岩生产性回灌和新近系生产性回灌进行了试验。近年来，随着国家对地热利用和地热资源管理的重视，许多省市都出台了相关法规，要求地热尾水必须进行回灌，除北京、天津外，陕西、山东等地也实施了一些地热回灌项目，并取得了一定成果。

三、地热回灌技术方案

供暖系统大多采用地热直供方式，循环后的水质较差，并且供暖管网使用年限较长，管道内铁锈、悬浮物较多，容易堵塞砂岩空隙，影响回灌效果。综合考虑上述因素，回灌采用了管式分离膜地热尾水处理技术，通过多级处理装置，使处理后的地热尾水满足孔隙型热储回灌要求。处理设备主要由旋流除砂器、袋式过滤器、管式膜过滤器、排气装置和金属防垢器组成。

（一）旋流除砂器

目前，我国地热供暖系统长期运行，管道不能经常更换，而旋流除砂器可以清除管道中的大粒径泥沙、铁锈块等机械性杂质，保持系统内水质的洁净，保护设备，防止管道阻塞。

（二）袋式过滤器

袋式过滤器是一种结构新颖、体积小、操作简便灵活、节能、高效、密闭工作、适用性强的多用途过滤设备，通常安装在回灌井井口。该过滤器内部由金属网篮支撑滤袋，液体由入口流进，经滤袋过滤后从出口流出，杂质拦截在滤袋中，能够有效减少地热尾水在管路运动过程中携带的可能会堵塞热储的物质，保证回灌顺利。

（三）管式膜过滤器

管式膜过滤器分为一级管式膜过滤器和二极管式膜过滤器，一级过滤精度为 10μm，可去除大部分悬浮物、微生物、胶体和铁锈等杂质，二级过滤精度为 1μm，可去除剩余的悬浮物、微生物、细菌等杂质，使出水达到回灌水要求。该过滤器配备了反冲洗泵及清洗罐，通过 PLC 控制，实现自动反洗。

（四）排气装置

回灌流体由于管径阻力和流动状态的变化，水动力流场状态会发生变化，流体中的部分气体析出并生成气泡，这些气泡驻留在砂岩孔隙中会产生气堵。为避免回灌过程中产生气堵，在回灌井井口前安装一个脱气罐，使地热尾水进入罐体，通过管径变化，让流速迅速降低，压力下降，通过气泡内的压力和罐内压力形成的压差，迫使气泡爆裂，将气体释放出来并通过排气阀排除，防止气泡进入地下，阻塞回灌水通道。

（五）金属防垢器

金属防垢器通过合金材料与回灌水间的电场作用，降低结垢离子在回灌过程中的结垢。脱气后的地热尾水经过金属防垢器，减少易结垢的离子，最后经过处理的地热尾水回灌至地热井。

第六节　地热储层传热技术

一、地热储层概述

地热储层（简称“热储”）是指能够储存和富集地热，并使载热流体做对流运动的地质体，是地热应用的取热主体部分，而传热是影响地热储层开发的重要过程，对于合理开发利用地热资源有重要理论意义和参考价值。地热储层的传热性能一般由岩土体的热物性来表征，如导热系数、热扩散率、比热容等。

地热储层是一种典型的多孔介质，由液体和气体构成的流体、岩石构成的固体骨架组成。根据饱和度分类可知，岩体一般为非饱和多相系统，孔隙中介质主要为岩石溶解物颗粒、水和空气。在地热储层开发过程中，开发区间温度突然下降会导致岩体结构发生变化以及产生相变，进而岩体热物性也会受到影响。由于地热储层由节理、裂缝和断层等不同结构组成，因而有不同结构的岩体孔隙度不同、传热传质状态也不相同的特点。裂隙、节理和断层主要的物理区别在于不同的孔隙尺寸产生的尺度级别也是不同的。

地热储层开发过程中涉及的岩体力学问题主要有耦合过程、水力压裂、诱发地震、矿物溶解、断裂渗透性、热储地质力学、热应力及热冲击等。在地热储层开发前期，首要任务是对天然储层进行人工改造，在此过程中常常会诱发微地震等灾害。

二、地热储层研究发展概述

地热储层是基于地热资源利用提出的概念，与油藏储层类似，是存在人类可应用的能源部分的描述，旨在描述某地区地热资源情况。近些年，国内外学者通过地热资源类型划分、地质勘探分析、理论推导、实验研究和数值模拟等对地热储层进行研究并取得了巨大的突破。我国地热资源的利用最早可追溯到先秦时期，但深入研究始于 20 世纪，对于地热储层的研究也是近些年才逐步展开的。

一般来说，地热储层的特征取决于不同的地热系统，地热系统根据地质构造背景和热源类型可分为八类：隆起山地岩浆水热型、隆起山地岩浆干热型、隆起山地非岩浆水热型、隆起山地非岩浆干热型、沉积盆地岩浆水热型、沉积盆地岩浆干热型、沉积盆地非岩浆水热型和沉积盆地非岩浆干热型。我国学者根据地热利用模式的特点，又将地热资源划分为水热型地热资源、浅层地热资源和干热岩型地热资源 3 类。浅层地热资源的储层主要包括岩土体、地下水和地表水；水热型地热资源的储层主要包括高渗透型岩土体和水系统；干热岩型地热资源的储层主要包括低渗透性岩体及少量流体。

为了处理储层特征不同的地热系统在开发过程中遇到的问题，开展开发区地热储层的地质背景调查十分重要。深层地热储层的开采深度为地下 3 ～ 10 km，受控因素较多，在实际研究中，一般通过围岩和储热岩体的产状和性质，构造控制因素、热源性质、加热带温度、水热传输总量以及加热带的积存热能总量等来表征地热储层特征，赋存于高温高压的围岩中，由断层、节理、裂隙等不同构造组成，形成了多尺度结构，热物性也因此受到影响，传热传质过程受温度场、渗流场、化学场和应力场多场耦合作用的影响，原理较为复杂。

三、地热储层传热传质机理

（一）传热传质机理

在传热学中，主要有热传导、热对流和热辐射三种热交换方式。这三种热交换方式在自然界中普遍存在。在地热储层中，热传导存在于整个地热储层中。由于地壳通常由固体岩石组成，这种固体内部分子间进行的热交换作用几乎控制着整个地壳的热状态。热对流则普遍存在于有液体迁移的地带，如火山活动、地下水转移等。在取热过程中产生的钻井等活动形成的干扰也是热对流。热辐射则发生在地面，浅层地热储层受日－地辐射影响较大，深层地热储层中的热辐射主要来自岩体过高的温度。

（二）地热储层开发区间划分

未经开发的地热储层除去含断层结构的部分大多为低渗透性致密岩体，低渗透性特点使得地热应用困难，在地热储层开发中常采用储层改造手段对低渗透性致密岩体进行改造，如图 3-23 所示。

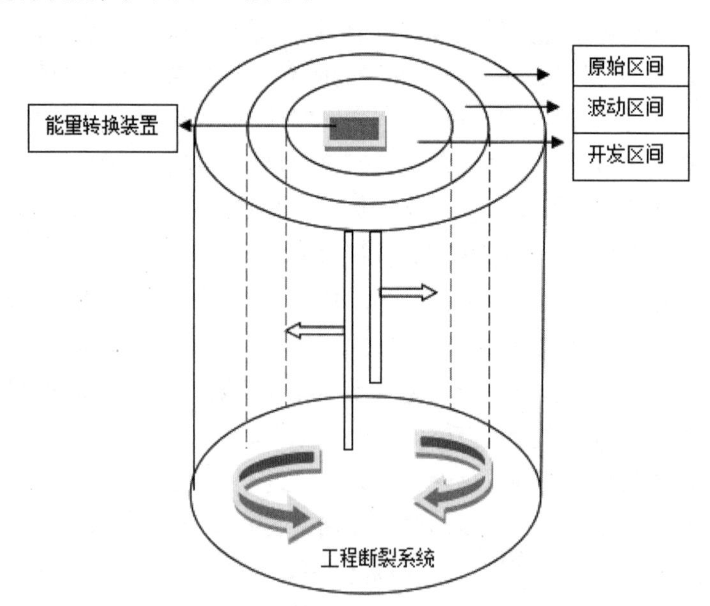

图 3-23　深层地热储层开采过程动态特性物理模型

热质传递过程是地热储层应用的重要过程，而地热储层的传热特性往往受其赋存环境的影响变化，岩体介质中胶结物、填隙物等杂质也会对储层的传热特性产生影响。改造完成后的地热储层在靠近取热井处孔隙度变大，连通性变好或增大了换热面积，换热效果变好，导热也发生了改变，伴随少量相变。而在取热井无穷远处岩层并未发生改变，流体以渗流为主。在取热井附近到无穷远处的中间部分受取热井附近热量快速流失的扰动和无穷远处热量源源不断传输并呈现波动状态的影响，传热效果不明朗。根据地热储层开发过程中不同区域传热传质特性的不同，将开发过程的地热储层横向划分为无穷远处的原始区，取热井附近的开发区及二者中间的波动区。

四、地热储层静态传热方法

（一）多孔介质表征单元体描述方法

多孔介质一般由固体骨架与孔隙内部的流体构成。在多孔介质研究过程中，常采用体积平均、均质化等方法选取表征单元体（REV）进行粗化研究。在研究多孔介质热相关问题时，多孔介质固体骨架的成分、流体存在的形式与有无相变、孔隙的尺寸等都会影响研究结果，因此表征单元体的选取要多加考虑。由平均容积径与孔隙率的关系（图 3-24）可知，确定表征单元体的要点如下：

①此表征单元体应是绕选取点的一个小范围，它远比整个流体区域尺寸小。

②表征单元体应比单个空隙空间大得多，以至能包含足够多的孔隙。

③在表征单元体中，其基本参数随空间坐标的变化幅度小，平均值逼近于真值。

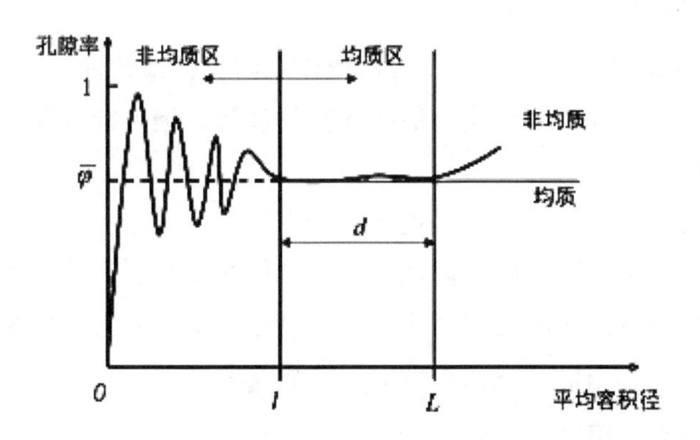

图 3-24　平均容积尺寸与孔隙率的关系

（二）地热储层多孔介质表征单元体描述方法

深层地热储层赋存于高温高压的围岩中，内有水和蒸汽等在其孔隙中流通，是一种典型的多孔介质。岩体一般为非饱和多相系统，孔隙中介质主要为岩体溶解物颗粒（杂质）、水和空气。在地热储层开发过程中，注水导致开发区间储层温度骤降，岩体结构发生变化以及产生相变，岩体热物性也会受到影响。深层岩溶型地热储层主要由以孔隙尺度较小的裂隙为主的低渗透性岩体构成，多孔介质孔隙结构可较为贴近地描述其微观构造情况，如图 3-25 所示。

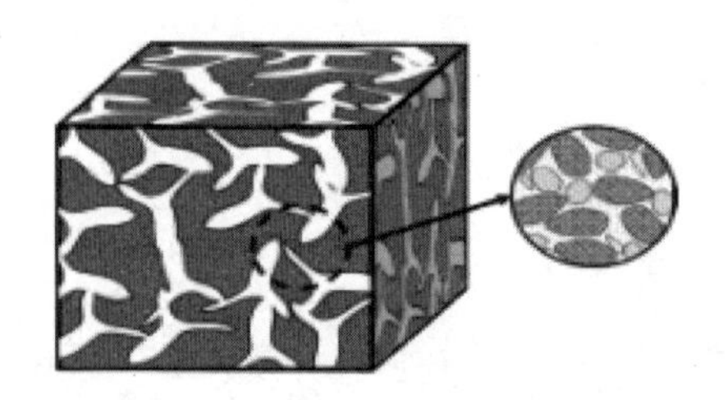

（a）砂岩表征单元体结构　　（b）花岗岩表征单元体结构

图 3-25　实际岩体表征单元体结构

第七节　地热能源综合利用技术

一、地热与太阳能耦合发电技术

（一）地热利用

地热作为可再生能源，相比于太阳能和风能而言，地热能可以实现 24 小时稳定供应，并具有不排放二氧化碳、储能丰富的优势。地热能凭借其独特的优势被广泛利用，且有着悠久的历史。

国内有着丰富的地热资源，但是地域性特点却较为显著，分布不均匀。整体来看，已发现的地热资源多为中低温地热资源，仅有少数属于高温地热资源，正因如此，我国一直将直接使用地热能作为主要利用方式，并且为解决我国过于依赖化石能源的问题，我国也一直在积极推广地热发电。

（二）太阳能利用

太阳能作为一种重要的可再生能源被应用在众多领域，最主要是在太阳能发电中，它通过集热装置将太阳辐射收集起来，再通过与介质的相互作用转换成热能驱动热机发电。太阳能热利用技术是可再生能源技术中商业化程度最高、推广使用最普遍的技术之一。

以温度作为划分标准，可以将太阳能划分为三种，其中温度在 350 ℃以上的属于高温热利用，处于 80 ℃和 350 ℃之间为太阳能中温热利用，低于 80 ℃为太阳能低温热利用。太阳能资源总量相当于目前人类所使用的能源的 10000 多倍，且其既是一次能源，又是可再生能源。它资源丰富，获取容易且免费使用，又分布广泛无须运输，清洁无污染。然而该项能源也具有一定缺点：其一，气候、季节和地点等因素对其产生的影响较大，导致能量的连续性与稳定性无法得到保障；其二，能流密度相对较低。最终在这两个缺点的影响下，利用太阳能的效率受到了一定影响。太阳能热利用开发和研究方兴未艾，面对不断增加的全球环保压力和有限的能源供应，越来越多的国家开始对太阳能进行研究，使得太阳能成为各国可持续发展战略的重要内容。从图 3-26 中可以看出，进入 2040 年后，太阳能与风能将成为主要发电方式。

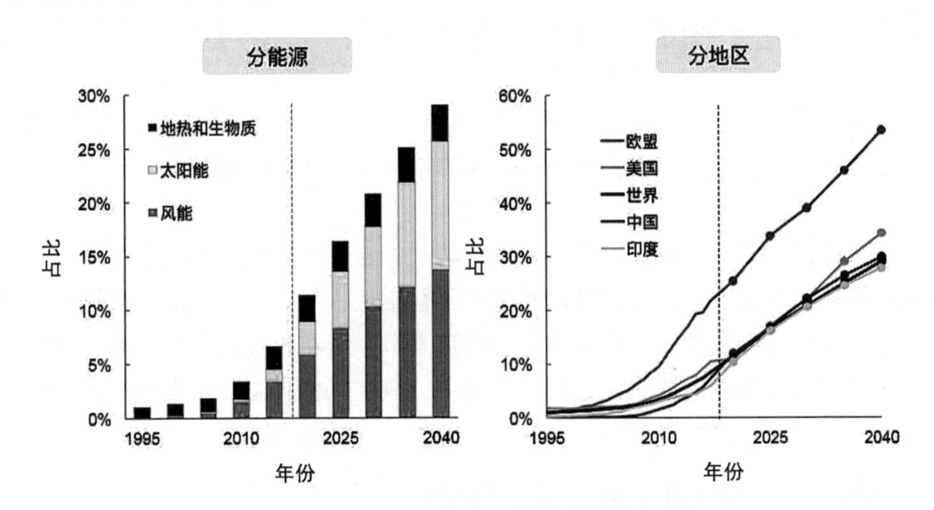

图 3-26　1995—2040 年可再生能源发电占比

众所周知，太阳能被称为“取之不尽，用之不竭”的可再生能源，利用起来清洁安全，且太阳可辐射到地球上大部分地区，具有普遍性，是 21 世纪最清洁、最廉价的能源。目前世界各国都将太阳能作为能够在未来替代化石能源的重要备选能源之一，对开发利用太阳能高度重视。

目前，太阳能的主要利用方式还是太阳能发电，成熟的太阳能发电技术主要有光伏发电技术和太阳能热发电技术。光伏发电技术是使用光电转换技术直接把光能转化成电能的发电技术。太阳能热发电技术则是属于热源发电即一种间接发电技术，原理是吸纳、收集太阳辐射能中的热量，再将热能转化成电能的技术。它包括两大类：一类是利用太阳能直接发电，如半导体或金属材料的温差发电、真空器件中的热电子和热离子发电以及碱金属热电转换和磁流体发电等，这类发电技术的特点是发电装置本体没有活动部件。这类发电技术在目前的太阳能利用中正处于试验阶段，发电量较小。另一类是利用光学系统聚集太阳辐射能，来加热工质产生高温蒸汽，驱动汽轮发电机发电，这类发电系统的组成与传统的热发电设备十分相似，目前的太阳能热发电技术都是此类。

就现在来看，太阳能热发电系统中技术成熟度最高的当数抛物槽式太阳能热发电技术，当前大部分商业化运行的太阳能发电站均采用该项集热技术。抛物槽式太阳能热发电技术与线性菲涅尔式太阳能热发电技术在发电的原理上是一样的，都采用线聚焦和一维跟踪方式。抛物槽式太阳能热发电技术其基本原理是利用槽式抛物镜面使太阳光反射时都汇聚到同一条焦线上，然后在该焦线位置安装集热管，使集热管内的导热油能够吸收汇聚在集热器上的太阳光的热量。导热油再通过换热装置将热量传递给做功工质（蒸汽），做功工质过热后进入汽轮机做功发电。由于技术的不断优化和改善，抛物槽式太阳能热发电系统的热效率由起初的 11.5% 提高到 16%。

太阳能聚光镜成本较高，且所需面积较大，这直接导致了太阳能热发电系统的成本较高。除此之外，为了降低系统的不稳定性，从而延长系统的连续运行时长，通常需配置蓄热装置，这造成太阳能热发电系统初投资进一步加大。所以，与地热等发电成本较低的能源进行互补利用，成为降低太阳能热发电成本，提高系统热效率的方法之一。

（三）地热与太阳能耦合发电系统

1. 耦合发电系统

地热与太阳能耦合发电系统是一种利用地下热水作为低温热源、太阳能作为辅助热源来加热沸点较低的工质，使其增压并蒸发汽化然后进入汽轮机做功的发电系统，该系统又被称为中间介质法发电系统。深井泵将地下热水抽到地面然后首先进入换热器与太阳能集热器中生产的热源进行换热，提高地热水的温度，然后进入发电系统的换热器中与某种低沸点介质进行换热，使该工质受热成为低沸点蒸汽介质，该介质进入汽轮机喷嘴推动叶片运动从而做功发电，从汽轮机中排出的工质进入冷凝器与冷却水换热冷凝成液态工质，之后通过工质泵加压打入换热器重新进行加热循环使用。

地热发电系统和太阳能集热系统进行耦合，从而形成地热与太阳能耦合发电系统，其原理图如图 3-27 所示。当有机工质在蒸发器处完成等压加热之后，相变为饱和状态，那么这时将进入太阳能过热器中，由此处完成导热油换热并转变为过热蒸汽，最后再流入膨胀发电机完成做功。其优点是，配备的太阳能设备规模相对小，故而成本投入相对小。其缺点是，在吸热相变的总热量中，工质过热段吸热量相对少，故而无法凸显太阳能与地热的协调增幅作用。

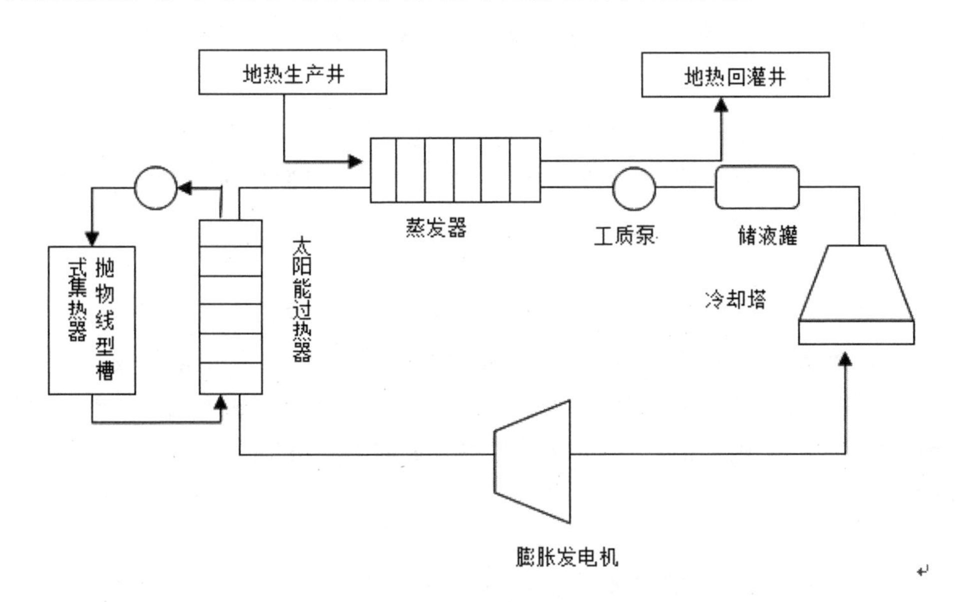

图 3-27 地热与太阳能耦合发电系统原理图

2. 耦合发电技术简介

整体来看，太阳能发电技术与地热发电技术这两种发电方式均利用可再生能源发电，虽然这两种发电方式有其各自的优势，但同样也有一定缺点，因此如何突破能源分布和能源品位的局限性，提升能源的利用率成为能源领域的重点研究方向。太阳能能流密度低，占地面积大，聚光成本高，发电量受辐射强度不稳定、不连续的限制；而地热发电成本低，不受天气和季节的影响，可作为稳定的基础负荷，然而温度对发电量会产生一定限制，导致发电效率受到影响。对此，可以将高品位能源引入地热中作为顶部循环，这样既可在原系统输出功率的过程中将系统热效率提升；相比于地热而言，太阳能面临的主要问题是无法稳定发电输出，太阳辐射会对其产生影响，在经济方面，太阳能投入也高于地热投入，所以可以通过共同使用设备进行耦合发电，这样可加强对发电成本的控制，即将地热与太阳能进行耦合发电是高效利用可再生能源的一种方式，亦是能源多级利用原则的体现。

在过去的几十年间，地热与太阳能耦合发电的观点已被广泛讨论和研究。研究的不同方向可总结为以下几点：

①地热预热系统——地热用于预热蒸汽朗肯循环型太阳能发电站中的给水；

②太阳能预热系统——太阳能用于提高盐水温度或蒸汽质量（干燥度）来预热盐水；

③太阳能过热系统——太阳能主要承担过热工质。

3. 耦合发电系统优势

耦合发电系统是借助可再生能源实现发电的环保型、节能高效系统。地热与太阳能耦合发电不仅可以将双方的优势发挥出来，也能弥补彼此的不足。整体来看，耦合优势主要有以下几点：

（1）发挥双方优势

地热发电站，特别是干旱缺水区域，一般会用空冷来取代水冷，在日间却会形成较高的温度，导致净输出功和热效率降低，但是日间太阳能辐射较为丰富，借助太阳能可以将地热电站整体效率提升，进而弥补此不足；太阳能发电站在无光照时，需要依赖储热设备维持电力持续，此时地热可作为基础能源替代储热设备。

（2）系统效率提升

地热发电所处地区的地热水温度一般很低，使得效率受到影响，太阳能则能够将工质参数适当提高，促使蒸汽做功能力得到发展，可将热源利用率提高，使发电量增加，这样即可使整个地热发电的效率有所提升。

（3）投资压力得以缓解

将投资高的太阳能发电与投资低的地热发电进行耦合后，不仅可以满足发电要求，整个发电站的投资压力也会得到缓解，从而在一定程度上控制发电成本。

（4）共享设备

在转换能源方式上，太阳能发电与地热发电一致，因此工质泵、凝汽器和汽轮机等众多部件均可共同使用。当太阳能发电系统工作出现异常或停止工作期间，可通过运行适当的操作方案，使这些设备能够照常运行。

此外，白天有较为充足的太阳能，此时可将其作为主要发电方式，间歇运作地热换热器即可，这样地热资源储量的品位衰减与消耗将有所减缓，冷凝器温度与蒸发温度也无较大波动，可以保证稳定运行热泵，从而可延长地热资源的使用寿命。

（5）汽轮机体积较小

汽轮机的尺寸大小主要由最后一级的叶片长度以及排气管尺寸决定，而最后一级的叶片长度以及排气管尺寸都取决于工质在最后一级时的体积流量。由于地热与太阳能耦合发电系统的低沸点工质的蒸气比容较小，因此汽轮机尺寸以及汽轮机出口段后的管道尺寸比较紧凑，降低了成本以及占地面积。

（6）避免汽轮机损坏或腐蚀

由于间接工质法中地下热水并不参与整个循环，而只是在换热器中与低沸点工质进行换热（且为间接换热），因此地下热水不会进入汽轮机，从而避免了地下热水中的各种杂质对汽轮机内部进行损坏或腐蚀。

（7）避免污染以及结垢

因为地下热水不参与整个循环，因此其所含的各种不凝气体仍然存在于地热水中，随着地热水的回灌回到地底不会造成大气污染。由于作为热源只参与换热器中换热，地下热水的压力不会改变，水中的杂质等也不会析出，因此在抽水管道以及循环换热过程中的管道上不会出现结垢现象，方便了管道的维护与清理。

二、地热与太阳能耦合供暖技术

作为新型能源的太阳能和地热各有利弊。所以，太阳能和地热耦合应用能够各取所需，运行过程中可以扬长避短。地热能够弥补太阳能受制于季节、昼夜、天气等因素的运行不稳定的不足，从而达到连续供暖（制冷）的目的；与此同时，地热与太阳能耦合系统能够缓解持续运行地源热泵时引起的土壤温度失衡等问题。两种能源相辅相成，取长补短，在发挥单能源优势的同时，也能弥补另一种能源的缺点，从而可以显著提高系统运行的可靠性及稳定性，使系统能耗得到有效降低。

（一）地源热泵系统原理

地源热泵是一种以土壤为储热介质的热泵系统，相比于空气源热泵对温度要求较严苛，在北方寒冷地区冬季低温工况下存在易结霜、运行不稳定等问题，地源热泵可通过加强水平地埋管保温等措施在冬季低温情况下实现效率更高且更为稳定的供热。

地源热泵运行原理图如图 3-28 所示。在制热状态时，地源热泵机组内冷媒正向流动，由压缩机对冷媒做功排出高温高压气体进入冷凝器，气体放热加热水箱中的水，放热后相变为液体，经过节流阀后转变为低温低压液体进入蒸发器。同时地埋管路内水流吸收土壤热量后使冷媒相变为饱和蒸汽进入压缩机，经压缩机压缩后再次转变为高温高压气体。水箱中的水经加热后进入末端设备，可实现 45 ～ 50 ℃稳定供热。

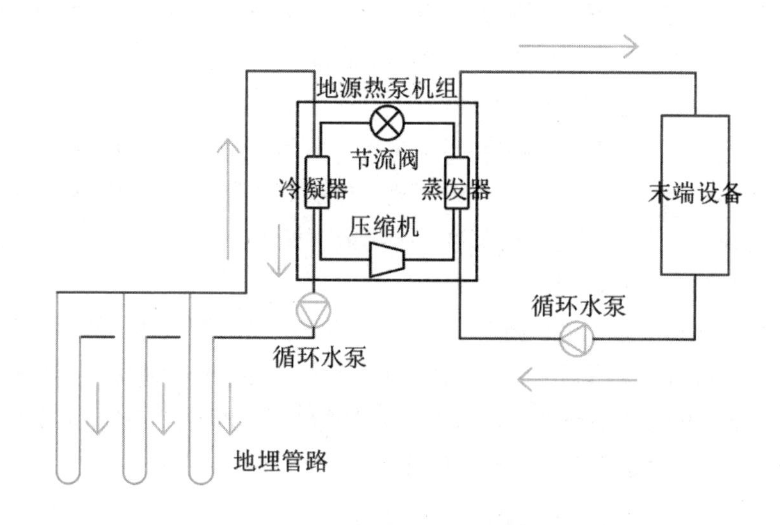

图 3-28　地源热泵系统运行原理图

地源热泵在北方寒冷地区虽相较空气源热泵杜绝了因低温导致的供热不稳定问题，但参考已有工程经验与技术总结，地源热泵无法控制土壤热量失衡问题，长期运行会造成土壤热量分布不均，破坏热量平衡，从而影响系统运行与供暖效果稳定。针对这一缺陷可利用额外的热源形式，在非供暖季时将热量补入土壤，从而维持土壤热平衡。太阳能作为可再生清洁能源，其应用范围广，同时北方地区光照资源较为丰富，较适合作为补充能源与地源热泵耦合，以弥补地源热泵长期运行造成土壤热量不均的缺陷。

（二）太阳能耦合地源热泵系统原理

太阳能集热系统与单一地源热泵系统具有较好的匹配性和互补性，太阳能耦合地源热泵系统原理图如图 3-29 所示。相较于地源热泵系统，太阳能耦合地源热泵系统增加了太阳能模块，太阳能集热器通过非供暖季吸收太阳能热量制备热水进入地埋管以维持土壤热量稳定，供暖季作为热源对用户进行供暖。

在地源热泵机组地源侧与用户侧均设有流量开关，以调节地源热泵进出口的水流量，在太阳能集热器与循环水箱、地埋管换热器与循环水箱、地源热泵机组与供热水箱处均设有循环泵，以维持整个太阳能耦合地源热泵系统的供热循环。系统中的循环泵按主要功能可分为四类：集热循环泵、取热循环泵、换热循环泵以及供暖循环泵。

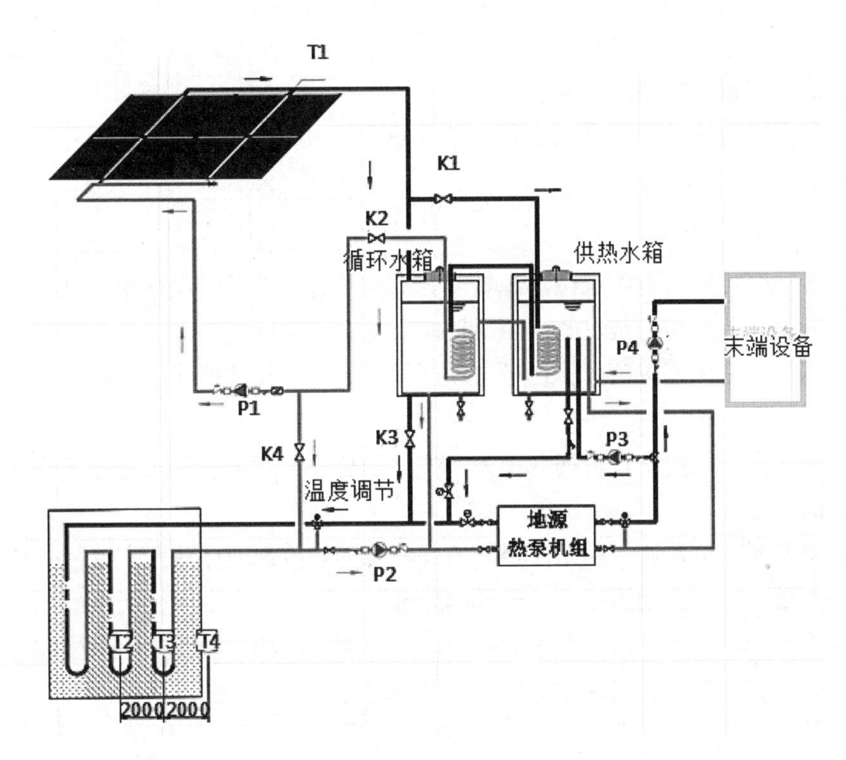

图 3-29　太阳能耦合地源热泵系统原理图

根据光照强度与建筑负荷的变化，太阳能耦合地源热泵系统会以不同模式运行：①太阳能集热系统作为单一热源为建筑供热，当阳光充足且建筑供暖所需负荷较低时，地源热泵系统停止运行，仅让太阳能集热系统作为热源供暖；②太阳能集热系统与地源热泵系统双热源联合供热，当光照强度不高，太阳能无法满足建筑供暖需求时，地源热泵系统启动，与太阳能集热系统交替运行供暖；③地源热泵系统作为单一热源为建筑供热，在冬季阴天或夜晚太阳能集热系统无法正常供暖时，仅开启地源热泵系统，利用非供暖季储存于土壤的热量进入末端设备供暖。

（三）太阳能耦合地源热泵系统组成结构与主要部件

太阳能耦合地源热泵系统与地源热泵系统运行原理相近，系统结构类似的两种供热系统，其组成部件大致相同。地源热泵系统主要由四个结构构成：地源热泵主机系统（主要设备为地源热泵机组）、循环系统（主要设备为循环水泵）、地下储能系统（主要设备为地埋管路）以及末端供热系统（主要由末端设备组成）。太阳能耦合地源热泵系统相比地源热泵系统增加了太阳能集热系统，其主要设备为太阳能集热器、供热水箱等。

太阳能耦合地源热泵系统主要由地源热泵机组、循环水泵、地埋管路、太阳能集热器与供热水箱等组成。

1. 地源热泵机组

地源热泵机组负责将低位热源转变为高位热源，以供给用户用于供暖。其内部由压缩机、节流阀、蒸发器、冷凝器四个主要元件构成。

①压缩机。压缩机负责将循环工质压缩，并将工质从低温低压处输送至高温高压处。

②节流阀。节流阀负责调节进入蒸发器的循环工质流量，对循环工质起到节流降压的作用。

③蒸发器。蒸发器作用是使经节流阀流入的制冷剂液体蒸发，以吸收被冷却物体的热量，达到制冷的目的，可输出冷量。

④冷凝器。在蒸发器中吸收的热量连同压缩机消耗功所转化的热量在冷凝器中被冷却介质带走，达到制热的目的，可输出热量。

2. 循环水泵

循环水泵负责整个系统的水路循环，包括集热循环泵、取热循环泵、换热循环泵与供暖循环泵。

3. 地埋管路

地源热泵地下储能系统的地埋管路铺设方式有水平式、螺旋式与垂直式三种，垂直式铺设方式因为埋地深，土壤深层有较为稳定的温度场，储热效果要好于前两种形式，所以垂直式铺设形式最为普遍。

4. 太阳能集热器与供热水箱

最常见的几种民用太阳能集热器类型分别为平板式集热器、热管式真空管集热器与全玻璃真空管集热器。前两种集热器是通过管内介质的相变放热来加热水箱中的水的，玻真空管集热器则是利用热水密度低的原理，在真空管设置坡度，将管内的热水由真空管的上部经集热器联箱进入水箱进行换热的。

（四）太阳能耦合地源热泵系统运行方式

1. 太阳能 - 地源热泵并联系统

图 3-30 为太阳能 - 地源热泵并联供暖系统示意图。系统中太阳能集热器启停策略为：集热器进、出口温度差大于等于 6 ℃时，开启集热器侧循环对工质进行加热；当集热器进、出口温度差小于等于 2 ℃时，关闭集热器侧循环。

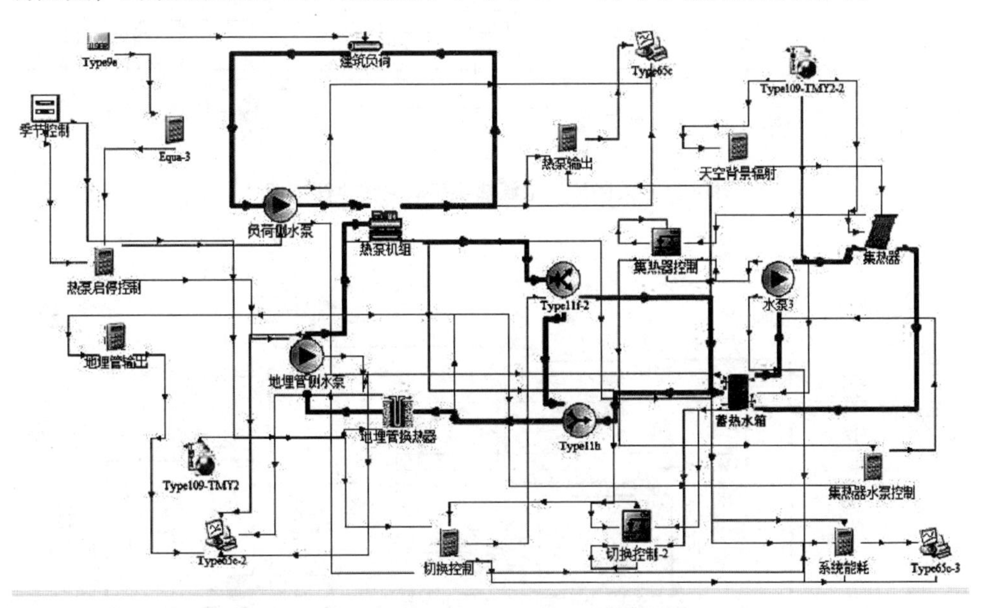

图 3-30　太阳能 - 地源热泵并联供暖系统示意图

2. 太阳能 - 地源热泵串联系统

太阳能 - 地源热泵串联系统共有两种串联供暖模式，供暖模式 A 如图 3-31 所示。流体工质从蒸发器流出后先进入地埋管换热器换热，后流经蓄热水箱进行二次加热后回到蒸发器；供暖模式 B 如图 3-32 所示。工质从蒸发器流出后先经蓄热水箱加热，再经过地埋管换热器换热后回到蒸发器。

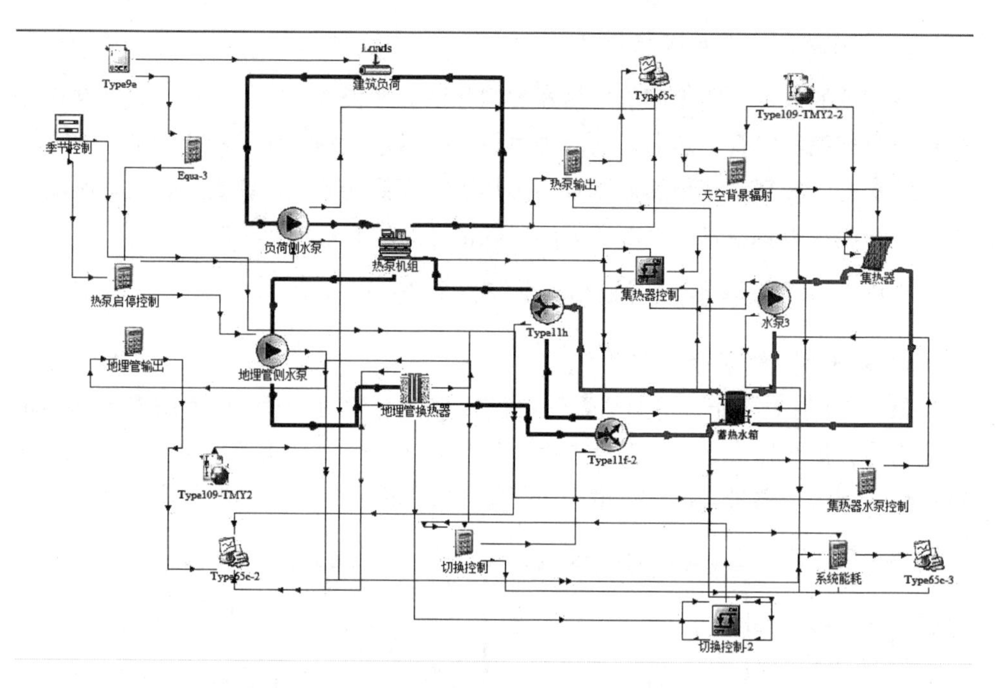

图 3-31　太阳能 - 地源热泵串联系统供暖模式 A

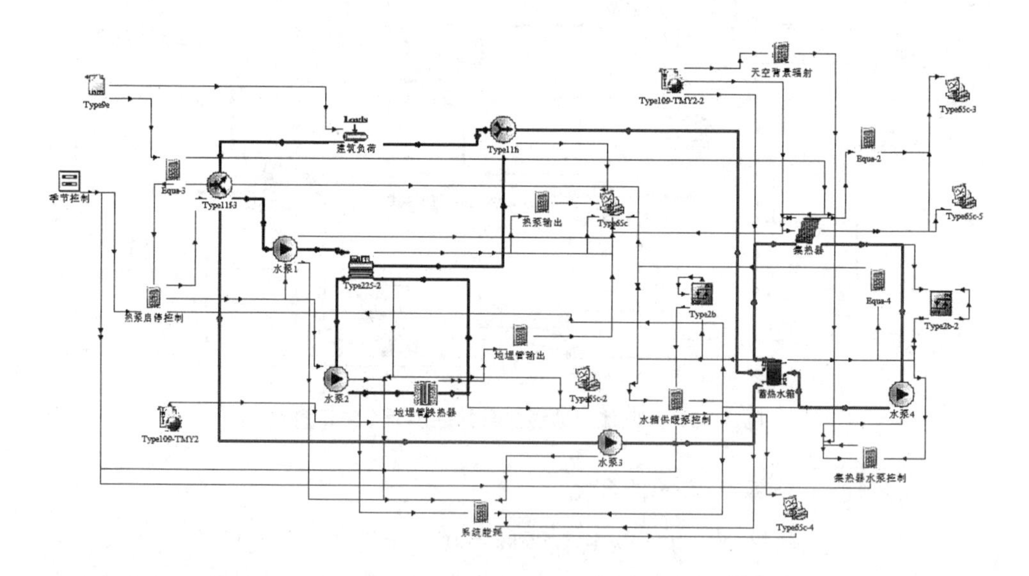

图 3-32　太阳能 - 地源热泵串联系统供暖模式 B

在供暖模式 A 中，当蓄热水箱出口温度大于地埋管换热器出口温度时开启蓄热水箱，否则保持地源热泵系统单独供暖；在供暖模式 B 中，当蓄热水箱出口温度大于热泵机组蒸发器出口温度时开启蓄热水箱，否则保持地源热泵系统单独供暖。

第八节　地热利用防腐除垢技术

一、地热井系统的腐蚀机理

（一）全面腐蚀

地热环境中全面腐蚀可大致分为二氧化碳腐蚀和硫化氢腐蚀两类。硫化氢主要来自高温环境中热化学硫酸盐还原，这一过程发生在地热储层温度超过 121 ℃时，富硫烃源岩中硫化物的热分解引起了热裂解，在湿硫化氢环境中，硫化氢发生电离，对钢材造成电化学腐蚀。硫化氢的存在导致可用于钻井设备以及井筒套管的材料仅限于低强度钢，因为高强度的钢会因硫化物应力开裂而失效。空气中的二氧化碳在润湿环境中与水结合形成碳酸，电离出的氢离子形成酸性溶液与钢材发生电化学反应造成腐蚀。影响腐蚀速率的因素包括二氧化碳的分压、温度、含水量、流量、溶液的 pH 值和地热水中的其他微量元素。碳钢和低合金钢中最常见的腐蚀形式便是二氧化碳造成的均匀腐蚀。

（二）局部腐蚀

1. 点蚀

点蚀的腐蚀机理如图 3-33 所示。在含氧条件下，由于地热水中氯离子等侵略性阴离子的吸附富集作用，金属表面钝化膜或钙垢的局部区域溶解生成点蚀核，点蚀核孔口处的腐蚀产物会进一步氧化并在孔口堆积，进而堵塞液相传质通道，形成闭塞电池。此时，蚀孔内溶解的金属阳离子不易向外扩散，导致正电荷积累过多，氯离子在阳极电流和维持电中性的共同作用下向孔内迁移，导致孔内金属离子水解，造成氢离子浓度升高，使得孔内金属处于活化溶解态，孔外表面维持钝化态，形成活化 - 钝化腐蚀电池，从而使蚀孔进一步加深，最终导致管壁穿孔。

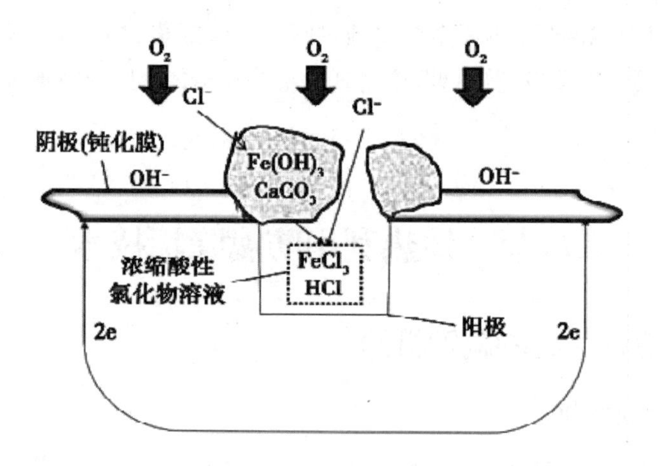

图 3-33　点蚀的腐蚀机理

2. 缝隙腐蚀

金属部件在介质中，由于金属与金属或金属与非金属之间形成一定尺寸的缝隙，使得缝隙内的介质处于滞流状态，从而引起缝内金属加速腐蚀，这种现象称为缝隙腐蚀。闸阀内流体介质中含有较高的 Cl^-，由于 Cl^- 半径小，穿透力强，它能穿透腐蚀产物膜从而渗透到金属基体的表面，在膜下促进 Fe^{3+} 水解而产生 H^+，促进金属基体发生电化学腐蚀。所以 Cl^- 是诱发金属产生局部腐蚀（如点蚀、缝隙腐蚀等）的元凶，对金属具有极大的危害性和破坏性。阀板与阀座密封处易发生缝隙腐蚀。缝隙阻碍氧气的扩散，造成高低氧气区域，形成溶液浓度的差异。特别是连接件缺陷处有可能出现狭窄的间隙，其间隙宽度（一般为 0.025 ～ 0.1 mm）足以进入电解质溶液，使间隙内的金属和间隙外的金属构成短路发生原电池反应，间隙内发生强烈的局部腐蚀。

3. 电偶腐蚀

电偶腐蚀常发生在存在杂质的地热井金属管线中。这种腐蚀产生的原因是，当两种拥有不同的电极电位的金属浸入导电溶液中时，会形成电位差，电子流动构成腐蚀电池，电位较高的金属在腐蚀电池中成为阴极受到保护，而电位较低的金属成为阳极造成其腐蚀加剧。根据现场经验，采用碳钢套管构造的地热井经过不同的热处理，其化学成分略有变化，在生产过程中出现了电偶腐蚀的现象，因此，在地热井套管的设计和施工中应尽量避免不同化学成分和不同热处理材料的耦合。

4. 冲刷腐蚀

冲刷腐蚀通常表现为金属表面呈现出波浪、沟槽状的伤痕。冲刷腐蚀产生的原因是流体的高速流动撞击金属表面导致一定的物理伤害，这在一定程度上去除了因钝化或结垢而在金属表面形成的保护膜，并结合电化学腐蚀的作用加剧了腐蚀。砂岩地热储层在开采过程中出砂现象时有发生，因此液固两相流的冲刷腐蚀在开采砂岩地热储层时较为常见，其腐蚀速率往往与流体中的固体杂质含量、流速以及温度有关。

5. 应力腐蚀

特定的金属材料和合金材料在应力和腐蚀介质的共同影响下产生的特殊开裂问题被称作应力腐蚀。发生应力腐蚀的必要条件之一是压力容器的应力，在压力容器中经常会产生载荷应力和残余内应力，这两种应力都会引发应力腐蚀问题。载荷应力指因为工作介质产生拉应力，在压力容器中普遍存在这种拉应力。而残余应力包含不同的内容，在设备运行和停车阶段残余应力都会产生负面作用。

此外，腐蚀介质和材料之间是相对应的，特定的腐蚀介质只会作用于特定材料，从而产生应力腐蚀问题。发生应力腐蚀破裂需要应力作用，该应力通常低于材料屈服强度，如果拉伸应力比较小，那么应力腐蚀断裂将会维持较长的断裂时间；如果拉伸应力低于特定值，应力腐蚀不会继续产生断裂破坏，这一阶段的临界应力值被称作腐蚀断裂的门槛值。

6. 晶间腐蚀

晶间腐蚀是金属材料在特定的腐蚀介质中沿着金属晶粒间的分界面向内部扩展的腐蚀，直至整个金属强度完全消失。金属的晶界被率先腐蚀时就会发生这种情况，这种腐蚀的主要原因是晶粒表面或内部存在活性金属元素，它充当阳极，而表面的其他部分形成阴极，阴极和阳极之间的面积比非常大，使得腐蚀速率加快。在低温地热环境中，奥氏体不锈钢容易发生晶间腐蚀。

二、井下腐蚀检查技术

目前，国内外主要采用测井方法对地热井筒的腐蚀情况进行检查，这里主要介绍机械井径测量技术、井下视像检测技术以及超声波测厚技术。

（一）机械井径测量技术

机械井径测量技术主要通过测井仪与管壁直接接触来检查套管形变、弯曲、内壁腐蚀、结垢、接箍等情况。在进行井筒检测时，将仪器下至预定井深，接着展开测量臂并将仪器向地面上提，测量臂与管道内壁接触，通过测量臂检测井筒内径的变化情况并通过电信号传回，再通过计算机对井管腐蚀变形情况进行分析，如图 3-34 所示为多臂井径成像测井仪的结构示意图。

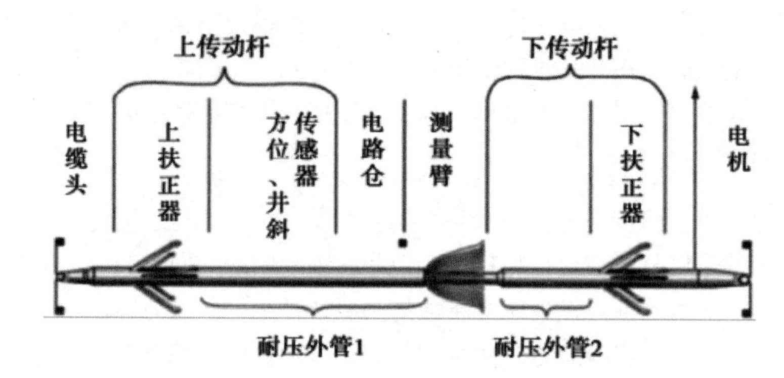

图 3-34　多臂井径成像测井仪的结构示意图

（二）井下视像检测技术

井下视像技术可实现在井下预定位置进行摄像并将图像传送回地面接收装置，通过分析图像实现对井筒状况的实时监测。目前主要存在 4 类井下视像检测系统，分别是光纤电缆视像系统、同轴视像系统、单芯电缆视像系统和鹰眼视像系统。其中，鹰眼视像系统以其携带方便、可在井底连续移动、图像信息质量高及适应性强等优势而被广泛应用于各类复杂的井下作业中。井下视像检测系统由井下摄像设备及地面接收设备构成。井下摄像设备主要包括井下摄像头、照明装置、电子装置和扶正器等，如图 3-35 所示；地面接收设备主要由地面控制器、应用软件及计算机组成。这两种设备之间通过普通测井电缆进行连接并传输信号。

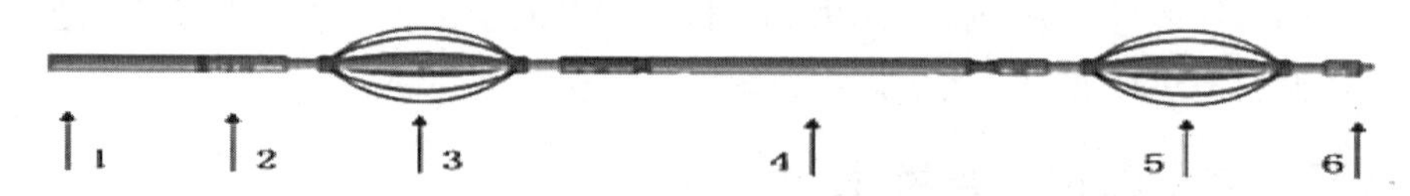

1—井下摄像头；2—照明装置；3—扶正器；4—电子装置；5—扶正器；6—测井电缆

图 3-35　井下摄像设备结构示意图

井下视像检测系统主要利用光学成像原理，用测井电缆将井下摄像头及照明装置等组件下入井底预设位置后，通过地面控制器调节照明装置 LED 灯的强度及井下摄像头的旋转角度进行摄像，并可在电缆的下降过程中快速采集下向或侧向视图（帧频为 1 ～ 30 f/s），所拍摄的分组图像数据经压缩和编码调制后通过测井电缆传输到地面控制器。经地面控制器解码、解压缩和数模转换后，将原始图像及相关信息显示在监视器或计算机屏幕上。为便于观察和分析，作业过程中选择灰度单帧图像进行保存，并自动生成视频文件，同时还可自动记录拍摄的深度、井斜及方位。

（三）超声波测厚技术

超声波测厚技术利用超声波与待测件相互作用进行厚度测量，该技术具有操作简单、测量准确、穿透能力强、测量范围广等优点，在腐蚀检测等方面起了重要的作用。超声波腐蚀检测实质上应用的是超声波测厚原理，对于常规的腐蚀检测，便携式超声波测厚仪已经应用的比较成熟，然而针对一些特殊情况的测厚如强腐蚀区域、高温管道等的测厚，需要一个长期的腐蚀检测来保证生产安全。

近年来，超声波测厚技术在国内外已经成为应用最广泛且发展最快的无损检测技术。在实际应用中，根据检测设备、检测环境等外界不同的操作需求，探索出多种多样的超声波测厚方法。其基本原理是通过超声波探头将超声波打入待测工件内部，使超声波在待测工件表面和底面发生折射、反射、散射等过程，所产生的超声回波信号进入超声波接收换能器，然后根据不同的测厚原理求得待测工件的厚度，实现无损腐蚀检测。

三、地热井系统的防腐技术

（一）管道选材

合适的耐蚀材料是地热井防腐的首选，管道的选材一般考虑介质特性、运行工况、服役寿命和环境特点等因素，经技术、经济比选后确定。

（二）内壁附加防腐涂层

内壁附加防腐涂层是指采取一定的工艺举措，将防腐材料涂覆在井下管材的内表面，这些防腐材料在凝固后形成一层致密的保护膜，使其与腐蚀环境无法直接接触，从而起到一定的防腐作用。常用的防腐涂层种类繁多，主要包括环氧类材料、有机塑料、天然橡胶及纳米聚合物等，这些高分子材料具有与金属外表黏附力强、耐腐蚀能力好、抗渗性高及韧性好等特点。环氧类材料是目前最常用的防腐涂层，其不仅可以起到降低井筒流体流动压力损失和摩阻系数的作用，而且还可以大幅度缓解井下管材之间的机械磨损，延长其服役寿命，相应使投资成本较低。需要强调的是，施工作业难度系数高、涂层不耐高温、易老化等原因，极大限制了防腐涂层在内壁的应用，加之常规有机涂层都具有一定的渗透性，严格控制涂层的抗渗性也是需要考虑的重要因素之一。

（三）非金属内衬

采用非金属内衬进行防腐，是指通过黏结或者变形的工艺措施，将一些特定的非金属材料内衬于井下管柱内壁，阻隔其与外界接触，有效规避了腐蚀环境对管柱表面的溶蚀和冲刷作用，从而达到抗腐蚀的目的。较为常见的非金属内衬有玻璃钢管、陶瓷树脂等，这些材料的耐蚀性优于井下管材，与环氧类防腐涂层相比，光滑度更高，可大幅度降低管道中的流动阻力，具有良好的抗结垢和抗细菌腐蚀性。但经过大量现场试验证明，这些非金属材料应力抗性较差，不适用于超过 2000 m 的深层井，加之其耐温性能较弱，在温度较高的工况中应用时，防腐性能失效。

（四）缓蚀剂

缓蚀剂是地热管道系统重要的内防腐技术之一，目前常用的缓蚀剂类型为吸附膜型，如喹啉季铵盐类、炔氧甲基季铵盐类、咪唑啉季铵盐类、咪唑啉曼尼希碱类，其缓蚀机理为分子中的 N、P、S、O 等带孤对电子的原子与铁形成配位键，吸附在金属表面，形成一种很薄的保护膜，从而抑制腐蚀过程。缓蚀剂在油气管道中的应用效果与现场腐蚀参数密切相关，温度、压力、流速、H_2S 含量、CO_2 含量、是否含氧、矿化度等环境因素对缓蚀剂的影响非常显著。当温度和流速较低时，主要选择咪唑啉缓蚀剂，在金属表面能形成致密的表面膜，具有优异的防腐性能；当温度升高或者流速较高时，流体脱附能力加剧，需选择吸附性能更强的缓蚀剂，如曼尼希碱、喹啉季铵盐等。各类增产技术导致氧气进入井筒注采系统和地面管道系统，造成氧腐蚀，相对于 H_2S 和 CO_2，含氧环境下常规缓蚀剂的吸附性能大大降低。因此，当地面管道系统中含氧时，一方面添加除氧剂与氧结合，降低氧分压；另一方面选择快速成膜的抗氧缓蚀剂，在氧腐蚀发生前与金属快速结合，形成有效的防护膜。此外，缓蚀剂的理化性能对其现场应用效果影响很大，如 pH 值、凝点、闪点、溶解性、乳化倾向、配伍性等，理化性能指标不合格往往会造成缓蚀剂起泡、分层、不溶解、不配伍、冻、无缓蚀作用等。综上所述，缓蚀剂防腐是一个系统工程问题，缓蚀剂的理化性能和缓蚀率达标是基础，现场应用技术才是关键。

四、地热井系统结垢种类

（一）晶体垢

晶体垢是具有晶体形态的水垢，成垢阳离子多为Ca^{2+}、Mg^{2+}、Sr^{2+}、Ba^{2+}，在配伍性实验中常见的是碳酸盐垢和硫酸盐垢，其中以碳酸钙垢（$CaCO_3$）最为多见。晶体垢的形成过程是离子在水中首先相互反应生成难溶性的盐类分子，然后盐类分子排列组合形成微晶体，产生晶粒化，随着晶体不断堆积，沉积成垢。由晶体垢形成过程可见，达到过饱和状态是溶液中晶体生长的先决条件，结晶过程的基本驱动力是溶液的化学势与固体的化学势之差，化学势之差可以用当前溶液的浓度与溶解度之差，即过饱和度来表示。达到过饱和度后，晶体的生长受结晶动力学影响，结晶动力学可用晶体线性生长速率描述。下面分别对碳酸盐垢、硫酸盐垢形成的主要影响因素进行介绍。

1. 碳酸盐垢形成的主要影响因素

（1）压力

由碳酸盐垢的形成机理可以看出，压力对碳酸盐有较大影响，压力降低，促使碳酸钙形成。由于平衡体系中有CO_2，在高压降条件下，例如，近井地带、井筒、分离器、集输管线压力会发生急剧或明显降低的地方，有利于水中CO_2逸出，导致反应向右移动，产生碳酸钙或碳酸镁沉淀。

（2）温度

碳酸盐的溶解度受温度变化作用明显，在 0 ～ 80 ℃，$CaCO_3$的溶解度减小幅度较大，在 80 ～ 180 ℃其溶解度变化不大，温度越高，碳酸盐的溶解度越低。温度升高有利于反应向右进行。因此，温度升高，会促进碳酸盐垢形成。

（3）pH 值

由碳酸平衡理论可知，水的 pH 值增高，CO_3的浓度也增高。水的 pH 值直接影响成垢阴离子的浓度，显然也影响碳酸垢的生成。碳酸钙在水中的溶解度随着 pH 值的升高而降低，这时沉淀较多。反之，碳酸钙沉淀会随着 pH 值的降低而减少。因此，应该尽量将系统内各部分溶液的 pH 值控制在合适的范围之内，一般在 6.0 ～ 8.5 范围内为宜。

2. 硫酸盐垢形成的主要影响因素

（1）压力

有研究表明，$CaSO_4$ 在常压下的溶解度不大。因此压力对硫酸盐垢影响较小，可忽略不计。

（2）温度

按照结晶水含量不同，硫酸盐的存在形式包括 $2CaSO_4 \cdot H_2O$、$CaSO_4 \cdot 2H_2O$、无水 $CaSO_4$。石膏（$CaSO_4 \cdot 2H_2O$）的溶解度随着温度的升高而增大，溶解度最高的温度位于 60 ℃，最大溶解度为 2000 mg/L 左右。

（3）pH 值

研究表明，当 pH 值由 6 增加至 8 时，结垢量增加 40 mg/L 左右，因此 pH 值对硫酸盐结垢影响不明显。

（4）TDS 值

相同条件下，水中溶解性固体总量（TDS）越高，硫酸盐结垢量越大。

（二）非晶体垢

非晶垢为不具备晶体形态的垢物，在地热水中最普遍的非晶体垢为铁垢和硅垢。

1. 铁垢结垢的影响因素

（1）温度

通常情况下，温度升高有利于水解反应，容易生成 $Fe(OH)_3$ 沉淀。

（2）pH 值

当 pH 值较低，即 H^+ 浓度较高时，进一步的水解反应受到抑制，此时 Fe^+ 水解的中间产物还会发生“聚合”而形成多聚体。当 pH 值升高即 OH^- 浓度较高时，平衡向右移动，促进水解反应，最后能形成胶体 $Fe(OH)_3$ 沉淀。

（3）TDS 值

TDS 值对铁垢形成的影响和碳酸盐结垢类似，TDS 值越大，电导率值越大，铁垢结垢量越大。

2. 硅酸盐垢结垢的影响因素

（1）温度

有相关研究表明，温度在 20 ～ 80 ℃时，可溶性硅在水中溶解度与温度成正比，即温度越高，溶解度越高。

（2）pH 值

pH 值在 6 ～ 8 时，硅在水中溶解度维持在 120 mg/L；pH 值在 9 ～ 10 时，溶解度的增加幅度十分显著，最高可达 800 mg/L；pH 值大于 11 时，硅的溶解度达到 1400 mg/L，所以最好维持 pH 值在 9 ～ 10，这样可以减少硅垢。

（3）TDS 值

当水中金属离子较少或者水为酸性或者中性条件时，硅在水中容易生成胶体垢，而碱性及有 Ca^{2+}、Mg^{2+} 等金属阳离子存在时，则容易形成硅酸盐垢。

（三）细菌垢

细菌垢的形成主要涉及生物化学作用和新陈代谢作用，硫酸盐还原菌（SRB）通过生物化学作用将 SO_2 还原成 S_2，在低 pH 值条件下形成 H_2S，加剧了对设备的腐蚀，产生了更多的 Fe^{2+} 从而形成 FeS 沉淀。铁细菌能将细胞内所吸附的 Fe^{2+} 氧化为 Fe^{3+}，从而形成 $Fe(OH)_3$。这种不溶性铁化合物排出菌体后就会沉淀下来，并在细菌周围形成大量棕色黏泥，与其他固体悬浮物相混，形成复合垢物。细菌的新陈代谢作用导致细菌大量繁殖，细菌尸体或细菌本身堆积成层状、块状或球状，它们与可能存在的其他垢物一起形成垢。水中细菌或细菌的尸体可能作为晶核，促进晶体垢的生成。

五、地热井阻垢

影响地热系统正常运行的一个重要问题——结垢。地热流体从地热储层通过地热井向地面运移或在热水管道输送过程中，由于温度和压力降低，其中某些成分达到饱和状态，这样，就有固体物质析出形成结垢层，附着在输送管道内侧、生产井井壁以及其他地面设备上。生产井井壁结垢会影响地热流体的生产和产量：输送管道内侧结垢增加了流体的流动阻力，从而增加了输送能量的消耗；换热表面结垢则增加了传导阻力，使地热利用率大为降低；垢层不完整处还会造成垢下腐蚀。对地热水结垢趋势做计算和分析对整个工艺运行的稳定性非常重要，因此，可靠的分析以及地下热水变化的模拟在地热利用过程中预测结垢趋势是十分必要的。要解决结垢问题，首先要了解水垢的成因及规律。

按引起污垢沉积的主要物理 / 化学过程，污垢分为析晶污垢、颗粒污垢、化学反应污垢、腐蚀污垢、生物污垢、凝固污垢和混合污垢七大类。而地热利用系统中形成的污垢大多属于析晶污垢，少量颗粒污垢或者由析晶污垢、腐蚀污垢和颗粒污垢协同机制形成的混合污垢。此外，在地热利用系统中，地热流体处于不断输送和在换热器内流动换热过程中，对污垢形成的五个阶段（起始、输运、附着、剥蚀和老化）均有重要影响，属流体动力学研究的范畴。污垢形成过程的“诱导期”和“污垢期”均受流体流动状态的影响，同时与流体相互接触的换热面的表界面的物化性质是污垢沉积、生长速率和污垢形态的重要影响因素。

（一）表面涂层技术

换热表面上沉积物的形成可看作是沉积物和换热表面相互作用的结果。初期污垢沉积速率受表面材料影响显著。当表面未被沉积物完全覆盖时，材料的表面性质将对污垢产生重要影响，同时污垢的剥离也受表面材料的影响。污垢的黏附力受材料表面能的影响。

普遍认为，最大的污垢黏附常发生在具有较高表面能的体系，最小污垢沉积则出现在低表面能的材料表面，减小材料的表面能可以减少污垢在换热表面的形成。为此，研究者采用多种表面涂层技术来降低材料的表面能，延长污垢的诱导期。表面涂层多为环氧树脂、聚苯硫醚、聚硅氧烷、聚四氟乙烯等单一或复合的有机材料或添加无机盐或氧化物的有机－无机复合材料等。这些材料表面与金属材料表面相比，具有较低的表面能，能减少表面的污垢沉积。

（二）微纳表面工程技术

防垢防腐问题涉及多个学科领域，有必要开展学科交叉研究。随着现代表面科学、材料科学，尤其是现代微纳表面工程技术的发展，如离子注入、非平衡磁控溅射、真空蒸镀和气、液相化学沉积等新技术的应用，也为防垢防腐关键技术的突破提供了新的途径。与不锈钢相比，纳米涂层表面具有更长的污垢诱导期，较低的污垢增长速率，显著降低了最终的渐进污垢热阻。通过进一步分析粗糙度、接触角和表面能等表面特性，大的接触角和低的表面能是纳米结构表面具有优越防垢性能的主要原因。

第四章　地热能源工程开发利用的环境问题

本章分为地热能源工程开发利用中的环境问题、地热能源工程开发利用环境影响评价两部分。

第一节　地热能源工程开发利用中的环境问题

一、地热能源工程开发利用中的环境污染

（一）大气污染

大气污染是指由人类活动或自然过程引起某些物质进入大气，当这些物质超过一定浓度或长时间存在时，对人类和环境造成危害的一种现象。大气污染物指的是对自然或人类活动造成污染的气体，以及悬浮物等。

1. 大气污染的原因

（1）工业发展

我国工业化水平的发展有效推动了我国经济的进步和科技的发展，而我国经济的进步和科技的发展也进一步推动了我国工业化的进程。随着我国工业化进程的不断加快，工业生产所存在的问题也逐渐显现出来，其中最重要的就是工厂数量的不断增加造成了大量的环境污染问题。并且由于我国工业发展速度相对较快，相关管理人员的环保意识较为落后，其为了获得更多的利润在生产的过程中排放了大量的污染物，影响了当地人们生活质量的同时也影响了人们的身体健康。在工业生产中煤矿、化工以及石油等行业在生产的过程中会产生大量的氢氧化物以及细小的颗粒，对这些污染物进行处理需要耗费大量的资金，所以部分企业为了降低生产成本，而将未经处理的污染物直接排放到大气中，加剧了大气污染问题发生的概率。

（2）交通污染

交通行业的飞速发展不仅拉近了人们之间的沟通和交流，也有效推动了城市经济的发展。而随着人们生活水平的提升，人们对交通质量的要求也不断增加，为了满足人们的需要，我国的交通设施更加完善，以私家车为主的出行工具的数量也在不断攀升，而汽车在使用的过程中会产生大量的尾气，这些尾气中含有大量的一氧化碳等有害气体，这些气体会给我国大气造成严重的影响，即使国家采取了相应的防治措施，但由于我国私家车基数较大，使得防治措施未能实现其应有的效果。

（3）人为因素

造成大气污染问题的主要原因除了工业发展以及交通污染之外，另一个主要的因素就是人为因素。这些年来，我国雾霾的发生概率在不断提升，而且冬季的雾霾发生概率要高于夏季，出现这种问题的主要原因是在冬季，人们为了取暖而燃烧大量的煤炭。在夏季，人们为了降温也会开空调，而一些空调中还有氟利昂，这种物质一旦挥发容易与空气中的臭氧结合，进而造成臭氧层破损，这些都加剧了大气污染问题。

2. 大气污染的类型

大气污染的类型，按照污染性质可以划分为还原型大气污染和氧化型大气污染。还原型大气污染的主要污染物是二氧化硫（SO_2）、一氧化碳（CO）和颗粒物，这些物质在低温、高湿度的阴天、风速小并伴有逆温的情况下，在低空聚集产生还原型烟雾，对大气环境造成污染。氧化型大气污染的污染物主要来自汽车尾气、燃油锅炉和石化工业，以氧化碳（CO）、氮氧化物和碳氢化合物为主，这些物质会在阳光的照射下引起光化学反应，产生二次污染，对人的眼睛造成严重刺激。

3. 大气污染的危害

（1）威胁人类身体健康

大气环境污染中的悬浮颗粒直径较小，很容易被人体吸入，并沉积在肺部，当有害物质积累到一定量时，会破坏人体组织器官，进而引发一系列呼吸系统类疾病。氮氧化物会对人的眼睛和呼吸系统造成伤害。二氧化硫溶于水后会对呼吸道造成伤害。一氧化碳中毒会导致短期内的晕厥，产生中毒，甚至死亡。污染物长期作用于机体，会对细胞内的遗传物质造成影响，使得生殖细胞突变，长时间甚至会致癌。

（2）危害工业、农业

大气污染对工业、农业都会造成很大的影响，造成人力、物力、财力的损失，进而影响经济的发展。大气中的酸性污染物会对工业设备、材料和设施造成腐蚀；飘尘会对精密仪器的生产和使用造成不利的影响，提高了生产成本，还缩短了产品的使用寿命。酸雨进入土壤后会引发水体的变化，造成毒性物质在土壤中充分渗透，从而影响植物的生长，对动植物造成严重伤害。

（3）对气候的影响

此外，大气污染还会对气候造成不利的后果。氟利昂等的使用会破坏臭氧层，扩大臭氧层空洞范围，降低紫外线吸收能力；高浓度的二氧化硫会造成酸雨，对当地的建筑等造成腐蚀；二氧化碳等温室气体会导致全球气温升高，造成温室效应，导致冰川融化、气候多变，最终对人类造成影响。

4. 地热能源工程开发利用中的大气污染

大气污染是地热能源工程开发利用过程中很重要的一个环境问题，不论是地热水，还是地热蒸汽，其中所含的很多种气体和悬浮物会排入大气中，造成大气污染，尤其是地热流体温度较高，里面含有浓度较高、危害也较大的 H_2S、CO_2、CH_4、NH_3 等不凝气体。

（二）热污染

热污染也是地热能源工程开发利用过程中很重要的一个环境问题，期间排放的地热尾水温度很高，导致附近水体温度升高，溶解氧也减少，从而引起水质的恶化，发生了热污染。

（三）噪声污染

噪声一词源于拉丁语单词“Nausea”，本意为“恶心”。噪声，即“不想要的声音”“大声、不愉快或意外的声音”。噪声污染不仅对城市居民的影响很大，而且交通噪声和工业噪声对道路沿线的小城镇也有影响。即使在发达国家，噪声也正在成为一种越来越普遍，但不为人所注意的污染形式。道路交通、喷气式飞机、垃圾车、建筑设备、制造工艺和割草机是这些有害声音的主要来源。暴露在 85 ～ 90 dB 的连续噪声中，尤其是工作在工业环境中，可导致渐进性听力丧失，并伴有听力敏感度阈值增加，从而出现听力受损。噪声污染的法律定义也有一个发展过程，2022 年 6 月修改完善后的《中华人民共和国噪声污染防治法》（简称《噪声污染防治法》）已经实施。事实上，《噪声污染防治法》修改之前已经发现一些噪声产生领域没有噪声排放标准，根据法律规定，施工部门必须采取减震和降噪措施。根据生态环境部的数据，2020 年全国生态环境报告、信访、通报管理平台共收到44.1万多个公共通报，其中噪声干扰问题占41.2%，居各种环境污染因素的第二位，并且在全国的噪声污染中，社会噪声污染投诉的通报数量最多。

噪声不但会妨碍日常生活，而且会影响身体健康。2003年以来，每年的4月16日是“世界噪声日”。世界卫生组织（WHO）发布的《噪声污染导致的疾病负担》报告提出，噪声污染很容易使人类睡眠时间不足，从而导致心脏病、学习障碍、耳鸣等病症，进而减少人类的期望寿命。报告书表明，噪声环境污染的危害已是仅次于空气污染的第二个人类公共健康杀手。

在地热能源工程开采和利用管理阶段，噪声问题较为突出，但噪声源位于地热站室内，对当地居民影响较小，地热站工作人员可采取适当保护措施。在利用地热水发电的过程中，地下热水温度较高，导致井口处会产生大量蒸汽和悬浮物，其中H_2S浓度较高，对人体有很大的危害。此外，蒸汽中往往还含有水雾状有毒元素，如硼（B）、砷（As）、汞（Hg）等，这些元素可能在周围土壤和水体中富集，对作物和人体健康造成危害。针对地热尾水处理，完全回灌是最理想的方式，但受地质条件或技术条件限制，有些地区回灌率较低，甚至不能回灌，这必将会对尾水排放区造成地表水、地下水、土等被污染的环境影响，同时长期大量开采地下热水会产生地面沉降、地裂缝、地面塌陷等地质灾害。

（四）水环境污染

1. 水环境污染的原因

（1）工业污染

随着我国社会经济水平的不断提升，工业得到了显著发展。近年来，我国一直朝着工业化的道路不断前进，各个城市中都出现了大大小小的工业企业，虽然这些工业企业能促进当地的经济发展，但部分工业企业没有严格按照排放标准将大量的工业废水排放到当地的自然生态环境中，造成工业企业周围水体严重污染，危害当地居民的饮水安全。特别是传统的工业生产企业，其生产模式依然没有秉持环保原则，企业人员也没有较强的环保意识，在排放工业废水的过程中，没有采取有效的净化手段，造成自然生态环境中的水体受到严重污染，甚至严重污染地下水源。根据相关调查，我国部分城市的地下水体已经受到工业废水不同程度的污染，工业污染已经成为我国水污染中影响较大的因素之一。另外，虽然自然生态环境有一定的自净能力，但这种能力是有限的，当工业废水排放量严重超出自然生态环境的降解周期时，生态污染情况难以恢复，不仅会对人们居住的环境造成严重破坏，而且也会对当地经济发展造成负面影响。

（2）农业污染

长期以来，我国一直是农业大国，但一直以来，人们没有充分认识到农业的迅速发展会对生态环境造成影响。为了提高农业产量，部分种植户随意使用大量肥料，并到处排放污染物。大量化肥经雨水的冲刷会随着地表水直接渗透到土壤、地下水之中，从而加剧水污染的严重程度，长此以往导致农村的水质量进一步下降，不仅会影响水体本身，甚至会影响当地居民的生活用水，对人体健康造成危害。另外，以往农村地区经常出现焚烧垃圾的现象，焚烧过程中产生的有害物质不仅会污染空气，也会导致有毒有害物质直接进入土壤中，并对水源造成不同程度的污染。由此可见，随着农业的快速发展，农业污染已经成为水污染的重要原因之一。

（3）生活污染

人口数量的增加也会导致生活垃圾、生活废水的增加，生活垃圾和废水缺乏统一化、标准化的管理，随意丢弃的生活垃圾会导致生态环境受到严重污染。现阶段，我国对生活垃圾的处理方法大多为填埋法、干湿分离法，垃圾中的部分固体则需要采取焚烧法进行处理，而居民生活废水一般由污水处理厂对其进行有效处理。但上述处理方法，如焚烧法、填埋法等均会给周围的生态环境造成严重污染。在填埋场中，垃圾的长期堆积会导致渗滤的液体通过土壤污染地下水资源；固体垃圾焚烧产生的有害气体会对空气质量造成严重影响，导致大气污染。

2. 地热能源工程开发利用中的水环境污染

水环境污染也是地热能源工程开发利用过程中的一个重要问题，地热水中含有的硫化物和氯化物导致地热水的温度较高，需要做好处理，如果没有做好地热水的处理，抽出的地热水有很大可能性流入普通地下水、农田或者河流中，会对水环境造成特别严重的污染。在我国南方地区，降雨量比较大，所以空气比较湿润，河流也比较多，如果排出的地热水量不大，不处理的话也会很快被稀释，不会对水环境造成太大的破坏。我国北方地区就不一样了，水环境污染与南方地区存在着一定程度的差异，北方地区降雨量比较小，所以空气比较干燥，地热水如果不经过处理直接排入普通地下水、农田或者河流中，很容易造成严重的水污染。另外，过度开采地下水，会造成水位大幅度下降，有可能导致海水倒灌，这种现象在沿海地区更为明显。

地热能源工程开发利用对地表水的污染也是很严重的，对地表水的污染主要体现在水质和水温两个方面，水质和水温的改变会引起一系列其他的生态问题。

第一，地热水利用完毕之后，还是有大量余热的，尾水的温度一般在 40 ℃

左右，这么高温度的尾水排到地表水以后，地表水的温度就会升高，温度升高了会加速水中含氮有机物的分解，这样就会导致地表水的富营养化；在含氮有机物分解的同时，会消耗水中大量的溶解氧，消耗溶解氧之后，地表水就缺氧了，水中的生物就不能正常生长了。除此之外，地表水温度的升高还会导致水分子的热运动变得更加激烈，而且地表水的水流在垂直方向上的对流运动会加快速度，这样就导致地表水周围土体中的水分蒸发得更快，从而造成土体水分流失过多，土体中的水分减少会改变陆地上动植物的生活环境，会有大量的动植物死亡或者迁移，从而破坏了地表水周围的生态环境平衡。

第二，地热水中含有一定量的重金属、氟等有害元素，地热尾水与地表水混合以后，会影响地表水的质量，影响程度因地区不同而不同。南方地区雨水充足，而且河水径流量较大，地热水流入地表水后会因为雨水和流动水的稀释作用，使氟、重金属等有害元素的含量降低，所以在南方地区的影响并不显著，例如，福州郊县养鱼场的热水排入附近的河流后，经过专业人员的检测，河流中氟化物的含量仅为 0.56 mg/L，远远小于地热水中氟化物的含量（15 ～ 15.7 mg/L），这是南方地热水中的氟元素被雨水和河流中的水稀释的缘故。而北方地区雨水稀少，而且河水流量较小，尤其是在冬季，地热尾水排放量大，但是河水排放量小，有的地方的地热水排放量与河水排放量相当，这种情况下地表水受污染的程度相对较大，地表水受污染之后就会影响鱼类和微生物的生存。例如，北京小汤山地区的地热尾水排入附近的河流，河中氟的含量就有一个大幅度的增长，这就是因为北方雨水少、河水流量少，不能对河水中的氟产生稀释作用，不能降低河流中的氟浓度。

（五）土壤环境污染及破坏

1. 土壤环境污染的类型

（1）化学污染

化学污染是造成土壤理化性质变化的重要因素，是指在化工企业生产中，污水和废弃物的随意排放会引起某些化学物质的渗入，引起土壤的各种化学反应，从而造成环境污染。化学污染可分为两大类：无机污染和有机污染。首先是无机污染，包括酸雨、工业废水、汽车尾气等，这些污染物中含有汞、铅等重金属，会以氧化物和硫化物的形式存在，造成严重的后果。而所谓有机污染，就是农药、化肥等在土壤中应用会产生某种化学反应，在土壤中积累，从而造成环境污染。

（2）物理污染

所谓物理污染，是指工业矿山开采、建筑施工，以及城市生活垃圾的聚集，都会对土壤产生一定的影响。在土壤中，污染物通常不会因化学变化而溶解，而是以固态形式存在于土壤中，随着时间的推移，会产生风化等问题。

（3）生物污染

生物污染是指病毒、细菌等有害生物通过水、废物等进入土壤，引起环境污染。生物污染是一种很严重的环境问题，同时也会危害人类的身体健康，并且大量繁殖，在短期内会产生大规模的扩散，有一定的抗感染能力，很难控制。

（4）放射性污染

放射性污染是近几年我国新出现的一种污染类型，人类活动和生产过程中所产生的污染，其中以核工业和核试验为主，对人类和土壤造成了很大的威胁。放射性污染会导致土壤性质发生巨大的变化，并且会通过土壤传递影响人体的功能，导致人体的血液和其他方面的变化，这一点值得关注。

2. 地热能源工程开发利用中的土壤环境污染

地热能源工程开发利用也会造成一定程度的土壤污染，由于地热水的矿化度比较高，渗入土壤的话，就会导致土壤中盐类物质的大量增加，从而改变土壤的酸碱性，土壤酸碱性对于农作物的生长是很重要的，会直接影响农作物的生长。土壤的盐碱化会大幅度降低农作物的产量，严重的可能会导致土壤再也无法种植农作物。除去盐类物质，地热水中的氟元素也很多。氟元素对农作物生长的影响也是很严重的，如果氟元素得不到及时处理，就会使农作物干枯致死，土壤肥力也会下降。

要想进行地热能源工程开发利用，建造采集地热水的井是必不可少的，而建造采集地热水的井会破坏土壤的内部结构，使土地结构失去稳定性。因为液体压强和流速的原因，把地热水开采出来就会破坏地下含水的岩石结构。地下的地热水被开采出来之后，内部已经被放空，必然会导致土地向下沉淀，以弥补地下放空的空隙，久而久之，就会改变土地的化学性质，并且上层的土地向下积压，时间长了，地表平面也会下降。随着全球气候的变暖，冰山融化，从而导致海平面上升。地表平面下降和海平面上升这两者共同作用，导致陆地淹没，这对土地的破坏是致命的。

二、地热能源工程开发利用中的环境保护措施

第一，在地热能源工程开发利用中要采取一定的环境保护措施，措施要行之有效，地热能源工程开发利用应当采取高效低能的方式，并建立相应的体系，还要积极推广新技术和新设备，提高地热能源工程开发利用的科学性，争取使地热

能源工程开发利用模式发展为科学型、效益型的新模式，争取最大限度地提高地热能源的使用效率，不浪费一点能源，争取让地热能源工程开发利用成为最有经济效益的能源利用方式。

第二，当地政府部门必须有严格的限制规定，必须限制个人或者企业对地热能源的开发，不能谁想开发就开发，不能想开发多少就开发多少，必须有一个限制，这样才能更好地保护地热能源，保护环境，政府必须制定相应的法律法规以规范地热能源的开发程序，个人或者企业只有遵循规定的开发程序才能开发，不能胡乱开发。当个人或者企业发现新的地热能源时，首先需要上报给政府，不能自己随意开采，由专业的政府部门经过专业的分析和评估，再指定专门的部门施工，由专门的部门做专门的事情，个人和企业切不可自己做主。

第三，资金投入是开发利用地热能源的前提，政府部门应该尽可能多地加大对地热能源开发的资金投入，以支持个人和企业对地热能源进行高效利用。政府在选择开发商时，要注重开发商技术设备的先进性，选择的开发商要具备很强的施工能力，如果开发商的技术设备落后，施工能力较差，这样的开发商政府是绝对不能选择的，再者，在开发商施工的过程中，政府应当加强监管，尤其对施工方式的监管，不能因为地热能源的开发影响当地的生态环境，这样会得不偿失。

第二节　地热能源工程开发利用环境影响评价

《建设项目环境保护管理条例》（中华人民共和国国务院令第682号）中关于建设项目环境影响评价的规定包括以下几个方面的内容：建设项目概况、建设项目对环境可能造成影响的分析和预测、技术论证、对建设项目环境影响评价。地热项目环境影响评价需要根据地热能源的特点来增加相关内容，如清洁生产、公众参与与评价、环境管理及环境监测制度建议等内容。

一、地热能源工程分析

工程分析就是对项目的建设性质、生产规模、原料路线、设备选型、能源结构、技术经济指标、总图布置方案、占地面积等从环保的角度进行分析。

在进行工程分析时，要注意如下几个方面。第一，需要了解与该项目的相关法律法规及政策，包括产业政策、资源利用政策、环保政策、能源政策等，从宏观上把握建设项目与区域乃至国家环境保护的全局关系；第二，对项目进行全面系统的分析，包括但不限于项目的性质、规模、数量、污染物种类、污染物排放量等工程特色，从这些影响环境的因素中找出对环境影响最强烈、影响范围最广、危害最大的主要因素，并且应明确项目的特征污染因子；第三，从环保的角度为项目如何选址、工程如何设计提出最优的建议。只有做好以上三点，才能更好地进行工程分析，工程分析是进行地热能源工程开发利用环境影响评价的第一步，必须做好，否则会影响之后的环境影响评价工作。

二、清洁生产与环境影响经济损益分析

《中华人民共和国清洁生产促进法》中对清洁生产有相关规定，清洁生产就是采取各种措施从源头上削减污染，减少甚至避免生产和使用过程中污染物的生产和排放，以减轻甚至消除生产和使用过程中对环境和人类健康的危害，在减少环境污染的同时也要提高能源的使用效率，采取的各种措施包括采用先进的生产设备、不断优化产品设计、使用清洁性强的能源及材料、改良产品的管理措施、改善原来的综合利用等。需要注意的是，提高能源使用效率和减少环境污染是同时进行的，不能只追求单方面的成效，只追求单方面的成效是无法达到清洁生产的目的的。在地热能源工程建设项目的环境影响评价中，一是建立清洁生产指标体系，这个体系要考虑生命周期全过程，这样才能在各个生命周期都进行清洁生产；二是依照清洁能源的基本原理，从减少环境污染和提高能源利用效率方面出发，对勘查评价、开采和利用管理三个过程的清洁指标全部进行分析，并对照国家的、行业的、地方的相关规定提出对应的意见和要求；三是根据对应的意见和要求修改清洁生产指标体系，建立最优的清洁生产指标体系。

《中华人民共和国环境影响评价法》中明确规定了要对建设项目的环境影响进行损益分析。环境影响经济损益分析指的就是通过估算某一个建设项目所引起的环境影响的经济价值，并将环境影响的经济价值纳入该项目的费用损益分析中，以此判断环境影响对该建设项目的影响程度。地热能源工程建设项目也是如此，需要估算地热能源工程建设项目所引起的环境影响的经济价值，如果该地热能源工程建设项目对环境产生负面影响，损失是多少；如果该地热能源工程建设项目对环境产生正面影响，那效益是多少。总之，需要对地热能源工程建设能源工程建设项目的环境影响经济损益进行分析，才能更好地进行环境评价。

三、环境质量现状调查与评价

环境质量现状调查与评价也是环境影响评价的重要内容，占据十分重要的地位。首先，我们要了解项目调查地区的环境是什么样的，环境的主要特征是什么，

将环境的主要特征和环境影响要素评价等级结合，才能准确地确定调查范围，才能知道需要调查哪些参数，如果抓不住项目调查地区环境的主要特征，那就不能合理地确定调查范围，而不能明确调查范围便会影响环境质量现状调查与评价，进而影响环境影响评价。进行环境质量调查有多种形式，主要有搜集相关资料、现场调查和遥感调查等手段，调查的内容主要是项目所在区域的自然环境和社会环境现状如何。自然环境调查主要需要搜集调查区域和临近区域的地形图，地形图上应当标明经纬度、地表大概情况、项目位置、城市和农村的分布、比例尺等，而社会环境调查主要需要搜集调查区的人口结构和数量、土地利用情况、能源利用情况、交通情况、公用设施使用情况、文物情况、居民健康情况等。哪些资料对于环境质量调查情况有用，就调查哪些情况，目的是对调查地区的环境质量现状进行准确的调查和评价。

通过环境质量调查，再结合相关的环境影响评价技术就可以对地热能源工程建设项目所在区域的环境现状进行调查和评价，可以评价地热能源工程建设项目所在地的空气质量、地表水污染程度、地下水污染程度、噪声情况，根据每一项的环境质量情况，确定地热能源工程建设项目所在区域目前存在的主要环境问题，针对发现的问题采取相应的措施解决。

四、环境影响预测与评价

环境影响预测与评价也是环境影响评价的一项重要内容，环境影响评价的主要方法有矩阵法、列表清单法以及图形叠置法。环境影响预测要与工程分析、环境质量现状调查和评价相结合，以预测和评价建设项目对环境产生的影响，这些影响主要包括影响对象、影响程度、影响因子和影响方式，在预测和评价的过程中，必须考虑当地的环境特色及环境保护的要求，如果存在环境敏感地区和环境敏感目标要进行特殊考虑，特殊项目特殊对待，不能千篇一律。

五、环境风险评价

环境风险评价也影响着环境影响评价，环境风险评价指的是针对建设项目建设和运行过程中可以预测的突发性事件和事故引起的物质泄漏或者产生的新的有毒有害的物质，对环境及人身造成的损害进行评估，提出相应的防范和应急措施。需要注意的是，可以预测的突发性事件和事故不包括人为破坏和自然灾害，进行环境风险评价的目的是分析和预测建设项目存在的有害因素和潜在危险，并提出合理的防范和应急措施，使环境影响的损失保持在可接受的范围内。只有了解风险，才能规避风险、控制风险，了解风险是环境风险评价的第一步。

环境风险评价的内容有识别风险、分析源项、计算后果和风险、评价风险和风险管理，每一项内容都不容忽视，评价之前要根据物质的危险程度和重大危险源的重大程度及环境敏感程度等，划分环境风险评价的等级。

施工期间井喷和地下水污染等是地热能源工程建设项目中存在的主要环境风险，为了有效降低这些风险，可以采取以下措施。

第一，要确保井喷状态下地热水不会往外排出，这就需要在施工过程中加强监控，可以在施工时设置应急水罐或临时沉淀池，以便地热水可以排到应急水罐或者临时沉淀池中，不会排到环境中。

第二，进行地热能源工程建设项目施工的队伍必须具备强大的技术力量和丰富的施工经验，并能准确定位每个含水层顶的位置和底板的位置，对开采层进行有效止水。

第三，地热井施工过程中要严格按照施工设计进行，严禁临时改变施工设计，必须保证地热井的成井质量，不得超层开采，施工过程中要严格遵守相关的法律法规，并自觉接受项目所在地监督管理部门的监督，需要整改的要及时整改。

六、公众参与与评价

地热能源工程建设项目的开发需要公众参与，公众参与到其中就可以让政府和项目负责人了解自己的想法和建议，从而保护公众的权益，使政府的决策更加民主化和透明化。政府和项目负责人通过充分听取并了解公众的意见、建议及要求，可以增强项目的透明度，也可以发现地热能源工程开发利用中存在的问题，以防工程开发利用后引起不必要的矛盾，听取公众的意见也会使项目的设计和建设更加科学、可行，能够最大程度地发挥项目的意义。《环境保护公众参与办法》规定，不论是建设单位，还是建设单位委托的环境影响评价机构，抑或是环境保护主管部门，都应当按照本办法的规定，采用公众知悉的方式向公众公开相关信息，并采取合适的方式向公众征求意见，这些方式包括座谈会、论证会、调查公众的意见等，在报送要审查的环境影响评价报告书中要附有公众意见是否采纳的说明。

七、环境保护对策

环境保护对策也是环境影响评价中一项比较重要的内容，针对地热能源工程开发利用过程中的大气污染、热污染、放射性污染、水环境污染、土壤污染及破坏等环境问题，根据产生的原因提出环境保护的对策。例如，大气污染的来源主要是施工过程中的扬尘，要解决扬尘问题，可以采取的对策是在施工现场设置围栏、覆盖、工棚等可以遮蔽的东西，防止扬尘进入大气中，在施工过程中要始终遵循“预防为主，保护优先”的原则，不能等发生了环境问题再想着怎么处理；施工过程中堆放在施工场地上的废土、废渣以及道路上撒的料和渣，能清运的及时清运，不能及时清运的，必须采取洒水措施，防止再次扬尘。再比如，施工过程中的水环境污染的来源主要是洗井的废水、钻井液体、进行抽水试验的废水，还有施工人员的生活用水，根据这些主要来源可以采取相应的环境保护对策。在施工过程中要减少废钻井液的泄漏，也要严格控制施工程序来减少钻井液体漏出，对于洗井的废水，可排入防渗泥浆与废弃的泥浆一起进行无害化处理，这样能够更好地减少水环境污染。地热能源工程开发利用过程中的另外一个污染是噪声污染，噪声污染的主要来源是运输和施工设备，施工过程中使用的机械设备都可能造成噪声污染，其中有发电机、泥浆泵、空压机和钻机等。针对噪声问题，首先施工单位应该选择低噪声的机械设备或者带隔音和消声功能的机械设备；其次施工单位应当将施工场地选择在避开居民区和学校教学区的地方，以减少对周围居民的噪声影响。施工过程中还会有一些固体污染物，这些固体污染物的主要来源是钻井的泥浆和油污手套、棉纱等劳保用品，针对钻井泥浆，可以采用清洁型钻井泥浆，并提高清洁型钻井泥浆的重复利用率，针对油污手套、棉纱等劳保用品，可以加强现场环境的管理，尽量让施工工人把这些东西丢弃在指定的地方，不要丢弃在施工现场。

八、污染物排放总量控制分析

污染物排放总量控制分析也是环境影响评价中一项比较重要的内容，污染物排放总量控制指的是根据当地规定的环境质量标准和地区的自然环境及自净能力，将污染物的排放总量控制在自然环境可以承受的环境之内。污染物排放总量控制标准不仅要根据国家对污染物排放总量控制指标的要求，而且还要结合地热能源工程建设项目自身的特点，确定地热能源工程建设项目污染物的控制目标及内容。地热能源工程建设项目在建设阶段的主要污染控制内容包含很多方面，如钻井泥浆、生活垃圾、机械噪声和生活废水，这些都属于污染控制的内容；地热能源工程建设项目在运营阶段的主要污染控制内容包括大气污染、水环境污染、噪声污染和固体废弃物污染。建设阶段和运营阶段的这些污染物的量都要计入污染物总量控制。

第五章 地热能源工程开发利用的国际案例

本章分为瑞士地热能源工程开发利用案例、冰岛地热能源工程开发利用案例、美国地热能源开发利用案例三部分。

第一节 瑞士地热能源工程开发利用案例

一、瑞士地热能源工程开发利用整体情况

瑞士是开发利用可再生能源的佼佼者，是最先开发利用可再生能源的国家，不论是在开发利用水能、风能、太阳能，还是在开发利用地热能源方面，一直走在世界的前列。

瑞士的水资源相对于其他国家来说是比较丰富的，但是瑞士电力生产所用的水只在夏季才特别丰富，因为在夏季降雨较多，而且冰山积雪也会融化，而在冬季电力生产所用的水就比较少，因为在冬季降雨较少，而且大坝水库和蓄水池的水都凝结成了冰，这就说明瑞士的水资源不是在一年四季都充沛的。瑞士当今的情况是工业和生活用电的需求都在增加，单靠水资源已经无法满足瑞士国家的用电需求，而且在瑞士，人们要求放弃核能的呼声越来越高，瑞士政府不得不逐渐放弃核能，水资源的不足和核能的放弃，意味着电力需求的缺口需要由其他可再生能源替代。在种种原因的推动下，瑞士决定开发和利用地热能源这项可再生能源。虽然瑞士在地热发电技术上并不是特别成熟，但是在地热能源的开发利用方面已经相当成熟了。

瑞士的地理位置优越，位于欧洲中部的莱茵河、罗纳河的上游，并处于地中海 - 喜马拉雅地热带，所以瑞士境内的地热能源是很丰富的，这就为瑞士开发利用地热能源打下了物质基础。不论是地热供暖的研发，还是地热供暖的推广，瑞士都是具备优势的，瑞士大约 30% 的建筑都采用了地热供暖，而且在浅层地热能源的利用率方面，瑞士更是处于世界之首。

首次提出地源热泵概念的是瑞士人，但是当时的能源以石油和煤炭为主，地热能源在资金上需要巨大的投入，在技术上的风险也比较大，各国政府都不敢开发利用地热能源，随着20世纪70年代世界能源危机的爆发，瑞士政府开始考虑地热能源，研发人员加强了对地热能源的研发力度，地源热泵技术也逐渐完善，瑞士的地热能源工程开发利用进入了全新的阶段。

二、瑞士地热能源工程开发利用实践

瑞士在地热能源工程开发利用方面已经有很长时间的历史了，尤其是在地热供暖这方面，早在2007年，瑞士的圣加仑市会议就通过并采纳了“能源理念2050”计划，这项计划是一项促进可再生能源开发利用的计划，意味着瑞士到了2050年，圣加仑市的地热供暖将会普及每家每户，每一栋住宅都使用地热供暖，每一栋办公楼也都使用地热供暖。圣加仑市是瑞士东部最大的城市，是瑞士地热能源工程开发和利用的代表城市之一，它位于斯泰纳谷地，康斯坦茨湖正南，地理位置也是相当优越的。

锡特托贝尔位于圣加仑市，它地下的4000 m处储藏着高压热水资源，高压热水资源的温度在150～170 ℃，早在2010年，圣加仑市就正式开始了建设地热发电站的计划，准备利用地热发电，并向当地的供暖供热部门提供热源，圣加仑市响应2007年提出的“能源理念2050”计划，争取到2050年，每家每户和每家办公室都能用地热供暖。

圣加仑市地热供暖采取区域供热供暖计划，区域供热供暖指的是通过相应的管道接通一处或者多处设备，直接向多处建筑物供热供暖的一种方法。圣加仑市建设的地热发电站和与其配套的设备，可以满足圣加仑市一半建筑物的供热供暖，大约有4.4万栋建筑，这个数量已经相当巨大。瑞士政府对地热供暖计划的投入也是非常大的，地热能源工程的总预算为1.59亿瑞士法郎，用于地热发电站建设的是7600万瑞士法郎，用于区域供热供暖的是8300万法郎，从投资数额上可见瑞士政府对地热能源工程开发利用项目的重视。

在地热供热供暖之前，圣加仑市此前主要的供暖来源是化石燃料，利用化石燃料供暖消耗的费用大约为1200万瑞士法郎，利用地热供暖之后大大节约了费用，环境能源局可以利用130～170 ℃的地热能源，向市民提供20～25 ℃的暖气，而且地热能源有一个最大的优点，即可以全天发电，且十分稳定。圣加仑市利用的地热能源比例也在逐年提高，相应地其他能源的比例在逐渐减少，圣加仑市对地热能源的开发利用已经算是相当成功的了。

三、瑞士地热能源工程开发利用的经验

瑞士对地热能源开发利用成功的经验主要有下面四个方面的因素。

（一）环境角度

从环境角度看，瑞士居民大多居住在瑞士的平原上，瑞士平原上的日照具有一定的特点，这样地面温度就可以长时间保持在 10 ～ 12 ℃，长时间保持在这样的温度，其地表就蕴藏了巨大的浅层地热能源，就能做到“随地取热”“随时取热”，而且地表温度长期稳定在一个温度，也有利于延长地源热泵的寿命，让地源热泵能够更好地发挥它的功效。同时，瑞士居民居住得比较分散，居住分散的特点也保证地热能源不会因为过度开采而枯竭，这样就能随采随补，保证地热能源的供应。

（二）经济角度

从经济角度看，开发地热资源在初期的花费是比较高的，但是从长远角度来看，地热资源属于可再生资源，而石油、天然气以及煤炭属于不可再生资源，所以地热资源还具有高效、节能和环保的特点，一旦地热资源的开发技术成熟，地热供暖的推广就变得水到渠成。另外，瑞士的化石能源是比较缺乏的，能源的缺乏和越发复杂的国际形势使瑞士不能依赖进口能源来解决居民的供暖问题，只能依靠国家内部的资源来解决供暖问题，这是大势所趋。而储备丰厚、开采技术成熟的地热资源则是其为数不多的一种选择。

（三）技术角度

从技术角度看，自 20 世纪 70 年代开始，瑞士就一直特别支持地热能源的开发和利用。每个部门都有不同的分工，包括支持基础研究的瑞士国家科学基金会、支持应用研究的瑞士联邦能源办公室以及支持商业推广研究的技术与创新委员会，还有一些为专业人士的教育提供平台的机构，其中包括日内瓦大学、洛桑联邦理工学院和苏黎世联邦理工学院，这些大学和学院也都设有与地热能源相关的研究专项、研究员和教授岗位，为地热能源的开发和利用提供了技术支撑。

（四）政策角度

从政策角度看，瑞士联邦能源办公室已于 2016 年 1 月正式启动了地热能源示范项目，这个项目的主要目的是能更方便快捷地提供与地热能源相关的资料和

数据，这个项目的目标群体是联邦和州一级的行政机构和项目规划人员。此项目的主要目标有如下三个方面：

①开发一个与深层地热能源相关的国家数据库；

②依据国家数据库里面的数据，并结合各类地图，进行相应的展示，以便各类绘图及下载使用；

③为民众持续提供非机密数据，民众可免费下载非机密数据。

地热能源示范项目的推行满足了各类人员对于专业材料的需求，包括学习人员、工作人员以及普通民众，此项目的推进也促进了瑞士地热能源信息系统的发展，地热能源工程开发利用的发展前景也得到了更有效的展示。

第二节　冰岛地热能源工程开发利用案例

一、冰岛地热能源工程开发利用整体情况

冰岛地处欧洲北部，位于北美和亚欧板块的边界地带，这两大板块的交界线自西南向东北斜穿过全岛，纬度高，地壳运动相当活跃，是世界上地壳运动活跃的地区之一。冰岛地区自古以来都是冰川和火山共存，地震与地热共生，享有“研究地质变迁的天然博物馆”的美誉。地壳运动活跃和地形复杂这两方面都决定了冰岛具有的地热能源储量十分丰富，按地热能源分布的情况，冰岛共有 20 多个高温地区和 250 多个低温地区。冰岛全岛的深度可达千米，高温地区指的是水温高于 200 ℃的地区，低温地区指的是水温低于 150 摄氏度的地区。此外，冰岛的天然喷泉就有 800 多处，仅冰岛首都的地热井就有 50 多眼，可见其地热能源储量的巨大。

早在 15 世纪，冰岛人就开始探索地热能源在生产生活方面的开发应用。20 世纪初期，冰岛首都雷克雅未克市就开始利用地热能源来进行居民供暖。经过半个多世纪的发展，雷克雅未克市 98% 以上的住宅都能够以低廉的成本使用地热供暖服务。20 世纪 70 年代初期爆发的石油危机给冰岛带来了严重的通货膨胀和能源紧张，这为冰岛地热能源的大规模开发利用提供了重要的时代机遇。在能源危机的推动下，地热能源的开发利用受到了冰岛政府的进一步重视。21 世纪初，全冰岛 85% 的住宅都靠地热能源来进行集中供暖，雷克雅未克市则实现了 100% 的地热供暖供电，每年可节省上亿美元的燃料支出。

2017年春季，历时半年多的雷克雅内斯半岛地热项目获得重大突破，在4.66 km的深度成功完成钻探。正是由于这一突破，地质学家勘测“超临界流体”（位于地下深层的、非液非气的物质状态）有了进一步的发展，同时也为深层非传统地热资源的潜在经济效益评估提供了有力支持。该项目的工程师发现，与传统的地热蒸汽相比，深层超临界流体的能量要高出许多。初步的测算表明，一口超临界地热井可以产生传统地热10倍以上的能量。根据他们的技术发展计划，在项目运作后期将采用注入冷水生成蒸汽的办法来进行地热资源的开发。目前，该项目面临的主要技术难题有三个：一是3 km深度以下能量循环的规律难以把握；二是地热流量模拟的技术还不够完善；三是超临界储层的化学和热物理特性分析存在诸多难点。因此，还需要进行更深入的研究和更完善的流量模拟及工程技术测试。但是，该项目的发展已经证明，超临界地热钻井可以开发出新的地热能利用区并提高生产性能，地热能源工程开发利用的经济效益也将得到大幅度提升。

通过在地热能源产业化应用方面的多年经验积累，冰岛总结出了一整套的地热能梯级利用方法：第一阶梯，从地热井中抽取高温地热水、地热蒸汽，经过技术分离推动涡轮机发电；第二阶梯，利用高温地热水对低温地表水进行加热后供居民取暖及道路融雪；第三阶梯，将地热余水用于洗浴类经营活动；第四阶梯，将处理后的地热尾水用于温室作物培育或鱼苗养殖。

通过在地热领域的深层次创新开发，冰岛在地热供暖、地热发电、地热井二氧化碳捕集等多个方面创造了辉煌的工业成就，能源转型十分成功。2007年，地热能源在冰岛初级能源结构中所占的比例达到了66%，摆脱了过去过于依靠煤炭的困局。近年来，地热发电在冰岛电力产品中所占的份额越来越高，目前已经达到72%的水平。从整体上来看，冰岛基本实现了用清洁能源来发电的目标。在地热能源开发利用的管理方面，冰岛有着分工明确的制度。在冰岛，地热能源勘测和开发政策的制定由国家能源局负责，电力产业管理由国家地质调查局负责，全国地热资源勘查开发、生产经营及相关技术服务由冰岛能源公司负责。可以说，职责清晰、协同高效的国家级地热开发系统为冰岛地热资源的高质量开发提供了有力的支撑。正是有了国家对地热资源开发的全方位统筹规划，冰岛成为地热强国，相关技术也排名世界前列。近年来，冰岛对俄罗斯、埃塞俄比亚、中国等国家进行了地热技术及项目运营管理的输出，在国际地热市场上的竞争力和话语权也不断提升。根据目前的发展趋势，冰岛有望成为全球首个可再生清洁能源利用率达到100%的国家。

在经济全球化的当下，地热产业发展的国际化特征日益突出。了解国外地热产业发展现状，不仅有助于认识地热产业发展的国际趋势，更可以为我国地热产业高质量发展模式的构建提供产业政策、区域经济空间结构、技术等多个层面的参考。

二、冰岛地热能源工程开发利用方式

冰岛地热能源工程开发利用的方式可以分为直接利用和间接利用两种情况，冰岛地热能源相当丰富，地热能源的直接利用主要用于加工、干燥、供暖、农林牧渔、娱乐旅游等方面，而且冰岛地热能源的人均直接利用量居世界第一位；地热能源的间接利用主要是发电，发电主要使用的是 150 ℃以上的地热能源，而且发电后排出的热水还可以梯级多用途利用。

（一）用于发电

冰岛电力的生产主要由雷克雅未克能源公司、海斯欧卡（HS Orka）公司和兰德斯维昆公司这三个能源公司提供，这三个能源公司将电力出售给当地居民，但居民不是主要客户，主要客户还是大型能源企业。目前，已经建成了四个地热发电站来保证居民的用电。

（二）用于采暖

地热能源在供热方面的用途主要包括地热采暖和生活用水两个方面，地热采暖最早就是在冰岛使用的。20 世纪 90 年代，随着地源热泵的广泛利用，地热直接利用的效率也在逐年增长。冰岛利用地热能源的方式首先是地热采暖，其次是地热温室，最后是其他工业及农村副业上的利用。目前，全国 80% 以上的家庭都使用地热供暖，每年可以节省燃料开支上亿元，可见地热供暖是一种非常经济的供暖方式。

地热供暖公司负责为分散的地区家庭供暖，最大的供暖公司可以提供 18 万家当地居民的供暖服务，另外两家比较大的供暖公司可为 1.2 万～ 2 万家居民提供供暖服务，其余比较小的供暖公司可服务 4000 家居民，迄今为止，冰岛已有 100% 的居民利用地热供暖，冰岛也成为世界上最干净的国家。

供暖是冰岛直接利用地热最主要的方式，发电是冰岛间接利用地热能源的最主要方式，此外，地热能源还可用于、温室种植、渔业养殖等方面。

三、冰岛地热能源工程开发利用实践

冰岛的首都是雷克雅未克市，雷克雅未克市是冰岛最大的城市和最大的港口，位于冰岛西部，是全世界最北的首都，因其地理位置上最接近北极圈，西面和背面临海，东面和南面高山环绕，有许多温泉和喷气孔。

早在 20 世纪初，雷克雅未克市政府就有计划地利用地热能源为居民供暖，20 世纪 20 年代，雷克雅未克建成了第一个地热供热系统，这个地热供热系统在世界上也是第一个，但是在 20 世纪 60 年代，化石能源仍然是雷克雅未克市居民主要的取暖方式，随着石油能源危机和燃煤环保问题的到来，雷克雅未克市才开始大力推广地热供暖模式。冰岛政府于 1967 年设立了冰岛国家能源局专门负责开发国家的地热能源，资助国家地热能源的开发和利用。20 世纪 70 年代，雷克雅未克市几乎所有的居民都用上了物美价廉的取暖和洗浴热水。20 世纪 90 年代，雷克雅未克市成为世界上第一个无烟城市，实现了 100% 的地热供暖，此时，冰岛的地热供暖比例已经超过了 90%，全面覆盖了各个行业，包括工业、农业、商业等。

进入 21 世纪，冰岛国家能源局又组建了冰岛地质调查局国家学会，专门进行地热能源的开发和供暖技术的开发，同时冰岛设立了能源基金，给那些从事地热供暖的公司资金支持，由于政府的支持，能源公司迅速崛起，其中雷克雅未克能源公司作为能源公司的代表，与其他能源公司主导了该地区的供热市场。雷克雅未克能源公司运营了雷克雅未克市的 50 多眼地热井，世界上最大的地热供暖系统也由此公司运营，它最主要的发电厂，就是奈斯亚威里尔地热发电站，这个发电站是雷克雅未克能源公司在奈斯亚威里尔的高温地热区建立的地热发电站，这个发电站是集发电和热水功能于一体的，可以生产 120 MW 的电力，并提供每秒约 1800 L 的热水。

从技术水平上看，冰岛除了利用地热能源为居民提供室内供暖之外，还可以在冬季对路面进行全天的融雪和加热，方便了市民出行，降低了居民冬季出行的麻烦。

据统计，雷克雅未克市的地热供暖系统成本相对其他能源成本来说是比较低的，地热供暖系统成本只有石油采暖成本的 35%，或电气采暖成本的 70%，地热供暖每年可减少的进口石油的费用约为 100 万美元，雷克雅未克市的取暖价格在北欧国家中是最低的。

四、冰岛地热能源工程开发利用政策

冰岛地热能源直接利用程度较高，经验也较丰富。其地热能源开发利用管理模式和相关政策对于我国而言十分具有借鉴意义。1998 年冰岛政府出台了《地面能源调查和利用法案》，确定地热能源所有权及开采权；2011 年，出台了《保护和发展能源总体规划》，2012 年出台了《冰岛可再生能源计划》，规范了地热能源的开发利用，同时制定了地热能源开发利用的长期发展规划，促进了地热产业的规模化发展。

（一）冰岛地热资源管理机构

冰岛地热管理机构包括冰岛国家能源局、冰岛国家地质调查局。冰岛国家能源局是冰岛工业和商业部直属的管理机构。该机构的主要职责如下：向冰岛政府提出有关能源问题及相关课题的建议；发起能源研究以及提供有关能源开发和利用的咨询服务。冰岛国家能源局是世界上主要地热能源研究机构之一。冰岛国家地质调查局是一个内部筹款、非营利的政府机构。该机构不能直接从政府获得经费，但能够以项目和合同为基础进行运转。

（二）加强地热利用过程监督管理

冰岛对于地热产业的监管机制较为完善。冰岛地热产业由国家实施统一管理，依据 1999 年颁布的《自然资源保护法》提供保护和监督，国家各职能部门对地热产业链全过程进行监督，保障了地热产业的健康可持续发展。2000 年，冰岛颁布的《环境影响评估法》中规定，超过 25 MW 开采量的地热项目必须向有关部门提供详尽的环境影响评估报告。

（三）制定地热利用的长期规划

冰岛对于地热能源工程开发利用进行了长期规划：2011 年公布的《保护和发展能源总体规划》中规定至少每四年提出一个地热利用总体计划；2012 年公布的《冰岛可再生能源计划》中概述了 2020 年的战略和其他可再生能源中地热能源利用的目标，进一步促进了可再生能源的使用。

（四）财政补贴

早在 20 世纪 30 年代，冰岛政府就开始支持冰岛首都雷克雅未克市利用地热能源向公共建筑供暖。冰岛国家电力局进行了几次地热调查，以确定空间供暖的可能。冰岛国家为地区供热系统建设提供贷款。1953 年，冰岛政府设立了冰岛国家能源基金，向市政当局、公司或个人提供地热钻探的低息贷款，从而为开发商分担钻探风险。如果新地热田的开发被证明是不成功的，可以转换成赠款。1961 年，冰岛政府通过立法设立了地热基金，为地热勘探钻井钻探提供资金支持。

冰岛政府直接向小型地热利用企业给予政府补助，重点在于地热能源的调查、开发与利用。2010 年，冰岛政府给予冰岛深钻项目（Iceland Deep Drilling Project，IDDP）3.42 亿冰岛克朗，主要用于研究在超临界条件下从水热体系中提取能量和化学物质是否具有经济可行性。

五、冰岛地热能源工程开发利用经验

冰岛地热能源工程的成功开发和利用，有三点经验值得总结。

（一）一热多用，利用效率高

冰岛的地理环境优越，可直接利用的地热能源储量也很丰富，即便如此，冰岛也没有滥用地热能源，也没有随意浪费，而是摸索出了一套高效且科学的地热能源使用方法，实现了“一热多用”：第一，地热井中抽出的高温热水和高温蒸汽，经过分离之后，高温蒸汽带动涡轮机发电，形成了第一使用阶梯；第二，低温地表水被引入之后，高温热水将其加热至 80 ℃后输入市区，供民居采暖，供游泳池采暖，供融雪用，形成了第二使用阶梯；第三，地热水经过冷却之后，含有大量的矿物质，这些矿物质对人体都很有益，所以冷却后的地热水可以引入温泉疗养区用于洗浴或者保健，形成了第三使用阶梯；此后的地热水温度依旧比较高，经过专业的处理后通常可以用于鱼苗养殖场或者绿色温室的供暖，形成了第四使用阶梯。

除了这四个使用阶梯之外，地热也被用作工业热源，可以为木材、造纸、制革、酿酒等的生产提供热量。冰岛对地热能源的利用真正做到了“一热多用”，并且利用效率很高，堪称“对地热能源吃干抹净”。

（二）制度保障完善，地热能源有序开采

众所周知，地热能源是可再生的绿色能源，但是其可再生性也是有限度的，再加上在开发利用地热能源时也可能会对生态环境造成一定的破坏，因此，冰岛建立了完善的法律制度和保障制度，以规范地热能源开发和利用的秩序，保障地热能源的有序开采，并最大限度地减少开发和利用地热能源对环境的破坏。冰岛当局通过多部法律对地热能源的勘探、开发以及利用等环节做出了明确的规定，如《地下资源研究和使用法》《能源法》《自然保护法》等。冰岛国家能源局在地热区安装了防止过度开采的数据监测系统，对每眼热力井的水温、水位和流量进行密切监测，如果开采项目超过一定能量需要出具环境评估报告。冰岛国家能

源局还和多家大型地热公司联手，对地热区内的热污染、排放物和地面沉降进行研究，保证地热能源的开发和利用不对环境造成损害，实现地热能源开发和利用的可持续发展。

（三）对地热能源开发持之以恒的支持

冰岛地热能源开发和利用的成功离不开冰岛政府对地热能源在资金和技术上的支持，这是极其重要的原因。一项能源项目的研究必须依赖强大的资金支持和较高的技术门槛，地热能源作为一项新开发的能源更是这样，地热能源的勘探、开发和利用都不是一件容易的事情，地热能源如何用于发电和供暖也是一项需要极高资金和技术支持的事情。

冰岛国家能源局能一如既往地在资金和技术上支持这项事业，才让冰岛在地热能源勘探、开发和使用方面取得了世界瞩目的成功。冰岛也在致力于开发“超临界”地热能源，更是为地热能源发电带来了效率上的提高，冰岛的“超临界”地热能源勘探在世界范围内排名第一，冰岛深钻项目掌握的技术目前已经达到4500 m深度，是世界上其他地热井的2倍。冰岛开发利用地热能源的技术一直在发展，为冰岛国家乃至世界带来了地热能源方面的进步。

第三节　美国地热能源工程开发利用案例

一、美国地热能源工程开发整体情况

美国开发利用地热能源最多，发电利用的地热能源多且利用充分，近几年地热发电量增长迅速。美国当今有60万套地源热泵系统在运转，占了世界总数的将近一半。美国虽然不是地源热泵技术的发源地，但是不论从市场规模还是从技术先进程度来看，美国都居于世界第一名。

地源热泵于20世纪40年代首先被研制出来，水源热泵于20世纪50年代成为美国的商用产品。20世纪60年代初期，美国出现了可以用于建筑物不同区域的分开式热泵系统，目的是满足建筑物不同区域及不同空间的用途，各建筑物使用独立的热泵，但是共用同一个双管水环，热泵和双管水环通过中央水泵站与水环路和地热能源连接起来，这就是分开式热泵系统的主要形式。这种系统被称为“加州热泵”，因为它一开始出现在西海岸的加利福尼亚州。这种系统的可推广

性非常强，所以迅速在美国推广开来，迄今为止，它仍然在被使用，在美国被称为“水环热泵系统”，这种“水环热泵系统”主要应用于公共大楼和商业办公大楼。

早在20世纪70年代，美国犹他大学能源与地学科学研究院就参与了世界上第一个干热岩型地热能源开发项目，此研究院具有丰富的高温地热能源钻井和压裂改造经验。此外，美国犹他大学能源与地学科学研究院还参与了美国能源部资助的地热能源前沿监测站建设工程。

2015年，中国石油大学与美国犹他大学能源与地学科学院签署了合作协议，双方致力于在地热能源勘探、钻完井及储层改造等方面开展研究和合作，并尝试建立国际联合实验室，所以说美国对地热能源的勘探和开发还是比较早的。

20世纪70年代到80年代，美国的地源热泵技术取得了很大的进步和改进，经过改进，地源热泵的进水温度范围扩大了，以前的热交换系统被闭式环路地热交换器所取代，该技术至今仍在使用。美国绝大多数的地源热泵都是闭环土壤源系统，在地下埋设连续的高密度聚乙烯管道，这种闭环土壤源系统有两种形式，即水平和垂直两种安装形式，可以有效地应用在任何地方。美国在地源热泵技术上的成熟为美国广泛利用地源热泵创造了必要的条件，在这一时期，美国政府并不是地源热泵的广泛介入者，主要参与者是包括生产者和承包商在内的实业家，这些实业家建立了专业公司，但是这些专业公司的规模和影响力都是比较小的。

从技术和研究方面来看，美国地热研究相关联邦投入的主要管理者是美国能源部地热技术办公室，主要致力于与学术界、工业界和国家能源局实验室合作开展研究、开发及示范工作，建立具有成本竞争力且具有创新理念的设备和技术，以促进美国地热能源工程开发利用项目的发展。近年来，该办公室获得的联邦预算也在逐年增加。

从美国地热能源利用成本方面来看，地热能源的利用成本是逐年递减的，地热发电总装机容量也越来越大，这就意味着单位成本是越来越小的，据美国可再生能源实验室预计，到2025年美国可开发的地热发电总装机容量将超过1亿kW。根据美国地热能源的一项分析报告阐述，预计到2050年，美国全境地热能源发电的总装机容量比目前增加26倍，同时，还将为美国住宅和商业消费者提供更多元化的制冷和供暖解决方案。在非电力领域，技术改进可以使美国更多的地热区使用地热供暖装置，更多的美国家庭也可以通过地源热泵实现具有成本效益的供暖和制冷解决方案。

二、美国地热能源工程开发利用实践

加利福尼亚州是美国地热能源开发利用的代表城市，加利福尼亚州与太平洋、亚利桑那州和墨西哥的下加利福尼亚州接壤，这样的地理位置让加利福尼亚州拥有种类繁多的自然景观，其中有高山、干燥的沙漠和壮丽的峡谷。加利福尼亚州是美国的第三大州，占地面积达到了 41 万平方千米。

从区域上看，美国共有 9 个州在进行着地热发电，其中加利福尼亚占了 82%，内华达州占了 15%，可见加利福尼亚州占的比例是非常大的，通过对现有数据的分析，美国的地热井就有近 2000 眼，大部分在加利福尼亚州。西半球乃至全世界地热发电最具生产力的地区之一就在加利福尼亚州境内的棕榈泉，棕榈泉位于帝王谷以北，加利福尼亚州对于地热能源的勘探工作主要集中在以下三个地区：

①面积为 325 km^2 的盖瑟斯地区。

②加利福尼亚海湾在地形上向大陆延续的部分，盐海 - 帝国峡谷区，此峡谷向东南延伸到墨西哥境内。

③加利福尼亚州的东部及东北部地区。

以上三个区域中，盖瑟斯地区于 1955 年开始建立现代钻井，于 1971 年勘探出了世界上最深的蒸汽井，深度在 2700 多 m，每小时可以生产蒸汽 19 万磅（1 磅约为 0.45 kg），能量大概相当于 10000 kW，热储的温度在 236 ～ 285 ℃，较深的井闭井压力在 31.5 ～ 33.5 kg/cm^2。热储性状和较深井孔里面积放的蒸汽情况已经 16 年保持不变了，但是由于过度开发，之后只能采取将生活污水的处理水注入地下的方式进行“回灌”，这样才能缓和衰减率。

加利福尼亚州主要在供电领域利用地热能源，加利福尼亚州可以利用的地热能源发电容量最多可达 5000 MW，加利福尼亚州的地热田最多可增容 3000 kW，加利福尼亚州的已知地热能源达到了 3500 MW。

美国堪称是世界上最大的地热发电国家，加利福尼亚州的地热发电总装机容量占美国地热发电总装机容量的 2/3，地热发电总装机容量在美国排名第一，土耳其的地热发电总装机容量在美国排名第二，加利福尼亚州的地热发电总装机容量为土耳其地热发电总装机容量的 2 倍左右。

加利福尼亚州地热发电有一个目标，即在 2030 年向电网提供 2900 MW 的净电力，考虑当前的地热发电指标，相当于地热发电行业在未来几年内需要安装

2500 兆瓦的新铭牌装机容量。加利福尼亚州的地热能源市场的快速发展显示出了地热能源在应对气候变化方面和能源向可再生能源转型方面的重要作用。

地热能源市场的快速发展不仅可以减少温室气体的排放，而且还可以支持间歇性电源的发展，间歇性电源的基本负荷是属于可再生的，在美国乃至世界电力经济转型期间，地热能源提高了电网的灵活性和可靠性。

三、美国地热能源工程开发利用的经验

不论是在地热能源的数量上，还是在地热能源的开发量上，美国在全球范围内都属于地热能源大国，美国在对地热能源的高效利用和民众普及方面都值得其他国家借鉴。

（一）政策方面

在政策方面，美国政府非常支持地热能源的开发、利用和发展，美国能源部和美国环保署对地热能源投入了大部分的资金和技术，不但支持地源热泵技术的发展，而且进行地热供暖的宣传、介绍和推广，通过这两方面加深美国民众对地源热泵技术的深层认识，也在国家层面推行了一系列的政策。

① 1994 年，以美国能源部、美国环保署和国际地源热泵协会为代表，联合其他公共部门共同启动了国家能源综合规划项目，此项目主要致力于地源热泵技术和市场的发展，并制定了 2000 年需要达到的目标，此项目也提出了将市场作为美国地源热泵行业主要驱动力的愿景，而不依赖政府对公共服务行业的政府激励、补贴以及税收抵免，以此来实现地源热泵市场的可持续发展。

② 1998 年，美国环保署颁布了地源热泵方面相关的法规，要求个人和企业在全国联邦政府机构的建筑中都推广使用地源热泵系统。

③ 20 世纪 90 年代，美国开展了一个名为地源热泵技术特别规划的项目，同时成立了联邦能源管理项目办公室，此机构是美国能源部和可再生能源办公室的下属部门。该办公室的综合性比其他技术性部门强，工作内容范围也比其他技术性部门范围广。联邦能源管理项目旨在通过提升能源的使用效率和节约用水，以减少美国联邦机构建筑物中非可再生能源的使用，提升和改善联邦政府的公用设施管理。

美国联邦政府通过多种方式鼓励地源热泵的安装应用，这些方式包括低息贷款、税收减免、严苛环境标准等，各州政府的步调也与联邦政府一致，也在大力发展地源热泵，迄今为止，已经有很多州出台了与地源热泵相关的支持政策。

（二）技术方面

在技术方面，技术日渐成熟、公共部门持续推广，这两者共同促进了近20年来美国地源热泵产业的快速增长。

2000年，美国地源热泵装机量已经超过了45万台；2009年，全美国增加了11.5万台地源热泵；美国地热能源协会也在2012年度发布的报告中指出，美国投资了600万元，以加强对增强型地热系统技术的科技支持，通过运营这项技术形成的项目中产生的地热蒸汽相当于5 MW，并且投入了商业化生产。迄今为止，美国已经有超过百万台的地源热泵装机量。

目前，美国仍然是地源热泵最大的市场，也是地源热泵技术最先进的地方。据预测，对低噪声、环保与高效供热、环保与高效制冷等日益增长的需求会继续推动美国地源热泵市场的快速增长，到2024年，全美国地源热泵市场的规模将会超过20亿美元。

第六章　地热能源工程开发利用的未来发展方向与策略

本章分为地热能源工程开发利用的未来发展方向、地热能源工程开发利用的策略两部分。

第一节　地热能源工程开发利用的未来发展方向

一、地热发电的未来发展方向

发电站和地热井技术对地热发电很关键，是地热发电工程开发项目关注的重点，我国在热储工程和地热井方面取得了一定的成就，我国几乎每个城市都有地热井，地热井的最大深度也已经达到了 4000 m，但是在地热能发电方面处于停滞不前的状态，我国在地热发电采集系统设计、发电站运行方面都存在一定的问题，缺乏先进的技术和重要的设备，尤其是地热发电设备设计制造和集成技术的落后程度比其他技术更严重，因此我们应最大限度地提高地热发电设备设计制造和集成技术。地热发电的发展前景是无限的，地热发电设备和常规电站发电设备基本相似，我们必须清醒地认识到：要想开发出适用于地热发电的高性能设备，就应牢牢抓住地热发电的技术特点，在地热发电设备方面增加更多的投入。

发展中国家的地热能源储量比较丰富、市场也比较广阔，作为发展中国家的中国，应计划在 2 ～ 3 年的时间里进行技术创新，对地热发电技术加大研究力度，研究的重点放在地热发电的成套设备设计和集成技术上。

二、地热供暖的未来发展方向

很长一段时间内，居民都是采用燃煤型锅炉来供暖的，这种供暖方式会消耗大量的化石能源，也会对环境造成一定污染，此外还存在一定的火灾安全隐患，必然会被淘汰。地热能源清洁、安全且储量大，符合城市发展和环境保护的要求。

将地热井和燃气调峰、热泵联合起来，制订可行性方案，不仅可以降低地热排水的温度，而且可以提高地热能源的利用率。这样的方案减少了地热水的使用量，一方面可以节约资源，另一方面可以减少对环境的污染。

第二节　地热能源工程开发利用的策略

一、实行全面节约、保护的策略

实行全面节约、保护的策略是地热能源工程开发利用的策略之一，既要积极地开发利用地热能源，又不能竭泽而渔，把隐患留给子孙，最好的方式就是要对地热能源的开发利用进行积极引导，使地热能源的开发利用能创造更多的效益，将“地上”和“地下”这两座桥梁连接起来，使“地上”和“地下”得到最佳的搭配。像法国巴黎盆地，一对井孔一年才出来的热量需要 50 年的地球热流量才能补上，而且勘探一处地热田的风险投资是巨大的，所以法国巴黎盆地对开采的控制量很严格，他们将开采量控制在计算量的 70%，这种节约、保护的策略值得每个国家学习。实践证明，单一项目的地热能源利用有利有弊，例如，只将地热水用于洗浴，社会效益比较好，但是经济效益上不去；只将地热水用于制矿泉饮料，经济效益很高，但是用量太少，不利于地热产业的发展。所以，要推动水、热、矿三位一体的综合利用，这样才能保证地热产业的发展。

要想实行全面节约、保护的策略，就必须要做好全面节约、保护的基础工作，基础工作包括“家底”工作、资料工作、凿井审批工作、计划用多少地热水和节约多少地热水等。

第一，“家底”工作包括两项，首先是地热能源概况，如资源的数量、水质的优劣、能源的品位、开采的预测等，其次是资源的开发和利用现状，如利用项目的规模，各项目所需要的水、热、矿的指标，热水定额等。

第二，审批凿井时，要增井不增水，即每年都会有新井凿成并投入使用，但是热田整体的开采水量不能增加，凿成新井的抽水量是由其他井节省下来的；根据当地的开采量和水位下降情况，决定能不能增加新井开采；疏散井时要由井群密集区向外围疏散；可优先安排综合利用的和回灌的地热田；可优先安排地热井老用户；可优先安排旧井报废；可优先安排更新井；名胜保护区、重点文物的周围凿井要从严。

第三，实行计划用地热水、节约用地热水的方式，对地热水的利用收取地热水资源费，为了准确计量，装上地热水表；对各种形式的地热用水下达地热水指标，例如，洗浴用的地下热水人均定额为 0.1 ～ 0.2 m^3；督促地热用户自筹资金，节水设施必须在三年之内安装；地热用户分布的范围很广，在各行各业中都有，所以地热用户是推动节约用地的中坚力量，地热用户的信息很广泛、思维很活跃、技术力量也很强、节约地热水的实践经验也比较丰富，只有充分依赖地热用户，再加上地热管理部门做适当的引导和服务，这样才能有力推动地热水工作不断向前发展；对已经开发完成且形成规模的地热田，可以通过报废、限制、更新等一系列措施，淘汰浪费比较严重、地热能源利用不合理的项目，进而调整地热能源开发利用的布局，进一步提高地热能源的利用率。

实行全面节约、保护的策略就要创造地热能源节约、保护策略的运行机制，缺少运行机制，地热能源就很难得到有效的节约和保护，在地热能源节约和保护的过程中，要逐步形成和建立地热能源节约和保护的优化配置机制，如技术的择优录用、企业的优胜劣汰、社会的扬长避短等机制。

第一，创造地热能源节约和保护策略的运行机制要以科技为先导，一个新技术所能带来的成效不是一般做法可以带来的，尤其是在创新技术的使用上，大部分情况会由于工艺机理的创新和突破，使长期存在的技术问题迎刃而解，取得意想不到的效果。

第二，科学化的现代管理机制是不可缺少的，近年来地热能源的温度场变化、物理场变化、化学场变化、水位变化等，这些都是能源客观情况的具体反映，这些常年累积的大量资料堆砌在一起，变化趋势就显得不那么直观、形象了，这就需要开发本行业科学化的现代管理机制，并利用计算机管理信息系统的运行来处理繁杂的大量的信息和资料，直观、快速、科学地为政府做出正确的决策提供支撑，以便于我们分析地热能源节约和保护的规律，及时调整节约和保护方式。

第三，创建节约、保护地热能源的价格机制也是必要的，价格机制的形成需要通过市场作用和政府对市场的干预，在地热能源节约、保护市场中，会发生很多方面的矛盾，如企业对效益追求的无限性和地热能源客观上有限性的矛盾，企业在地热能源工程上投入的最小化和国家要求地热能源利用率最大化的矛盾，企业追求利益最大化和国家环境保护要求的矛盾，这些矛盾仅仅依靠市场本身是解决不了的，必须要有政府对地热能源的经济政策和和价格机制予以调控；地热能源的费用应当比地下冷水的费用上浮一定的额度；对保护型、环保型、节约型的企业减免部分地热能源费用；对超过计划使用地热水的企业，应加倍征收地热能源费用，促进地热能源的节约和保护。

第四，建立对地热能源节约和保护的可行制度，加强对地热能源节约和保护的监督管理。

首先，建立严格的招投标管理制度，钻凿地热井是一项专业性很强的工程，而且是一项隐蔽工程，但是地热能源工程类没有包含在国家有形市场的招投标内容中，为了防止地热能源工程出现“豆腐渣工程”和腐败行为，就要对每个地热能源工程项目都以招投标的形式确定施工方，以建设方为主体，由矿管局邀请的钻探专家作评标委员，同时由矿管局进行监督，确保地热能源工程项目的有序开展和进行。

其次，建立地热能源勘查过程中的监督制度，这项制度在地热能源的节约和保护中是很重要的，这项制度的内容主要有承担地热能源勘查和设计任务的单位必须持有相关主管部门颁发的资格证书，承担地热井施工的单位也必须持有相关单位颁发的资格证书；凿井方案要经过审查，地热能源工程项目的施工要遵守国家有关规范；竣工后要进行验收。

再次，建立地热能源开采过程中的监督管理制度，这项制度对于地热能源的节约和保护不可或缺；地矿主管部门根据行政部门核定的地热能源开采量向地热能源开发单位下达地热能源开采计划指标；地热能源开发单位按照规定向地矿主管部门报送地热能源每月的开采量、水温、水位；如果需要转让采矿权，需要经过相关部门的批准。

最后，建立地热能源的节约和保护考核制度。可以通过月目标考核、季目标考核、年目标考核、节奖超罚等手段，让地热能源的节约和保护工作真正做到实处。

二、依法管理地热能源工程

地热能源的节约和保护要依法管理，国家出台了很多部法律来规范地热能源节约和保护方面的行为，如《中华人民共和国水法》《中华人民共和国节约能源法》《中华人民共和国水污染防治法》等，这些法律在地热能源节约和保护方面的精神都是一致的。

第一，国家鼓励与水害防治相关的各项事业，防治水害不是一件简单的事情，需要通过全面规划、综合利用、统筹兼顾和讲求效益的方式，发挥水资源的功能，并保护水资源和改善生态环境。

第二，国家鼓励实行计划用水，计划外的用水都要经过审查批准，国家还鼓励节约用水，不浪费水资源。国家政府会奖励保护水资源的单位和个人，同时也会奖励在防治水害方面表现突出的单位和个人。

第三，防治水害工作应当按区域统一规划，采取相应的措施控制并降低地下水的水位，对于地下水已经超采的地区，应当严格限制此地区的开采，尽最大努力保护地下水资源，防止地面的沉降。

第四，企业要采取清洁生产工艺，尽量减少水污染物的产生。

第五，国家的节能计划要求企业保证能源合理利用，还要与环境保护和经济发展相协调，能源的开发和能源的节约同时进行，将能源节约放在首位，不符合节能要求的项目，不得批准建设，企业和个人都要支持国家开发先进的节能技术，提高热能资源的综合利用率，发展节能新设备、新材料、新工艺和新技术，舍弃老设备、老材料、老工艺和老技术。

三、加速地热能源工程开发利用人才管理体制改革

在地热能源开发利用区具备的科技和人力资源的产出效率和全国的平均水平及管理存在很大程度的差异，人才管理体制保留之前的计划经济特征和非市场导向的激励体制导致科技管理人员的潜力发挥受到了极大的限制。

（一）通过体制改革调动人才的积极性

在进行管理体制创新时，要依据市场经济的要求，进行必要的股份制改革，在体制创新的过程中可以吸收技术骨干和管理骨干的股份，让这些技术骨干和管理骨干分享利润，也可以将一定的股份奖励给他们。这样不仅可以使产权实现多元化，而且可以规范法人治理结构，还可以提高经济效益，从多方面调动了人才的积极性。

（二）科技研究机构要市场化

地热能源的科技研究机构也要市场化。第一，科技研究机构在成立、重组以及破产的过程中不仅要遵循市场的发展规律，还要根据市场的需要成立、重组以及破产；第二，科技研究机构要面向市场，将自身当作市场经济中的一个极其重要的经济部门，像其他经济部门一样，既要自主经营，也要自负盈亏。

当然，这里所说的科技研究机构要市场化并不是指所有的科技研究机构都必须市场化，基础科学技术的研究成果具有私人产品性质的应当市场化，因为具有私人产品性质的科技研究成果的受益人是特定的个人和企业，对于整个社会来

说，市场化的科研机构是科学研究的中坚力量，社会科研技术的发展大部分靠的是市场化的科学研究机构，而非市场化的科研机构则是科技研究的主导力量，地热能源工程开发利用的科技研究机构要市场化，这样才能促进地热能源多元化开发利用。

（三）科研经费来源要市场化

地热能源工程开发利用的科技研究经费的来源也要市场化，科技研究经费属于科技研究机构的重要投入，科技研究经费也是科技研究成果的价格表现，科技研究经费还是科技研究成果的价值补偿。所以，谁使用科技研究成果，谁就应该支付相应的经费，以实现等价交换。

科技研究经费来源市场化不仅指市场化的科技研究经费来自市场，而且还指非市场化的科技研究经费也可以有一部分来自市场。市场化的科技研究机构以企业法人的形式出现在经济中，属于企业化的科技研究机构，这类市场化的科技研究机构的动机就是提供满足社会需求的科技研究成果，将提供的科技研究成果以出售、转让的形式获取利润，实现自主经营、自负盈亏、自我满足、自我发展。地热能源的科技研究机构通过市场来筹措一部分科技研究经费，有利于科技研究成果向现实生产力的转化。

（四）科技研究过程和成果要市场化

地热能源的科技研究过程和成果也要市场化，科技研究过程市场化指科技研究项目的全过程都要以市场需求为导向，包括从科技研究项目的确定过程到科技研究项目的实施过程都要遵循市场经济的原则，争取做到低投入、高产出。科技研究成果市场化指科技研究成果要回归市场，对于地热能源的开发利用来说，科技研究过程和成果市场化会实现地热能源的多种价值。

（五）积极推进高新技术产业的发展

要想提高地热能源开发利用区的生产力发展水平，就要积极推进高新技术产业的发展，提高相关产业部门的技术力量。积极推进高新技术产业的发展，应从扩大高新技术需求方面出发，尤其是使政府、各类团体、金融业、保险业、各类公共机构成为高新技术产业的主要客户。发展高新技术产业时要有选择性，不仅要适应地热能源本身的需求，而且还要适应国内市场乃至国际市场的需求，这样才能有利于提高地热能源开发利用区的高新技术产业发展水平。

四、加速与地热能源工程开发利用相关的各类教育

加速发展各类教育是地热能源开发利用要做的事情，部分地热能源开发利用区的经济发展滞后，一部分原因是教育水平的相对落后。地热能源开发利用区要想体现人力资源的经济价值和社会价值，加速发展各类教育是必要的方式。科技的进步、经济的繁荣和社会的发展都离不开人的智力资源，即劳动者自身的素质。世界上很多国家的经济进步和社会发展都显示出了发展教育的重要性，在地热能源开发利用区要充分认识到教育的重要性，把教育作为经济发展的推动力量，将教育摆在优先的战略发展地位，采取各种有效的措施，促进教育事业的发展，进而促进地热能源开发利用区的经济发展，改变部分地热能源开发利用区经济发展滞后的现状。

（一）加强基础教育

基础教育是教育发展的基础，九年义务教育根据国家的规定要普及到位，让劳动力后备军都具备一定的文化素质，一步步消除青壮年文盲，提高整体的劳动力素质。为达到九年义务教育的目的，各方都要履行好自己的职责，包括社会、地热能源开发利用区政府和家长都要各自履行职责，将九年义务教育的普及落到实处，让中小学从应试教育转变为全面提高学生各方面水平的素质教育，素质教育要面向全体学生，全面提高每个学生的素质。加强基础教育的前提是有合格的中小学教师，中小学教师是促进学生全面发展的关键，在以后的中小学素质教育中，要采取相关的有效措施，提高中小学教师的社会地位，让他们感受到社会对他们的尊重，并对他们的工作条件和生活待遇进行改善，以期培养出一支业务水平高、有责任心的中小学教师队伍，这样才能达到基础教育的目的。

（二）大力发展职业技术教育和成人教育

职业技术教育和成人教育在地热能源开发区的科技进步和经济发展中也起着很重要的作用，职业技术教育的根本任务是培养合格的、具有初级技术职称和中级技术职称的劳动者人才队伍。地热能源开发利用区的各级政府要高度重视职业技术教育，对职业技术教育和职业技术教育人才统筹规划，同时，职业学校也要主动适应社会主义市场的实际需要，在政府的正确指导下，联合办学要搞好，走好产、学、研相结合的路子。成人教育是一种终身教育，也是一种新型的教育制度，标志着传统学校教育向终身教育的转变。职业教育和成人教育都要本着学和用结合的原则、按需施教的原则以及注重实效的原则，将岗位实训作为重点，干

什么就学什么。缺什么就补什么，摒弃传统的学校教育中以理论学习为重点的方式，不断更新从业人员的知识储备，不断提高从业人员的自身素质，达到当代学习型社会的基本要求。

（三）积极发展高等教育

地热能源开发利用区也要积极发展高等教育，高等教育的目标主要是培养高级人才，这些高级人才要具备学以致用的能力，高等教育要适应社会主义现代化建设的需要，就要坚持以公办为主、各方联系办学的原则，扩大高等教育学校的规模，改善高等教育学校的结构，提高高等教育学校的质量和效益。高等教育的快速发展，要依靠内涵发展，办学效益要提高。

（四）多学科协同建设，培养专业技术人员

为支撑地热产业的发展，采用合作共建模式成立属地化院校或研究机构，吸引国内地热能源领域的科研人员，引导科研人员拓展研究方向，推动多学科协同联动，保障地热产业发展所需的研究力量。

针对短期内产业规模化发展所需专业技术人员不足的问题，现阶段重点发挥职业教育培养周期短、实操性强的优势，培养满足产业发展的技能人才，持续利用短期轮训方式，强化从业人员的技能水平。针对产业中长期发展的人才储备，结合产业发展趋势及企业所需人才类型分类培养，在高等院校、科研机构培养各维度人才，包括但不限于技术人才、科研人才、管理人才，为地热产业细分提供人才蓄水池。

五、地热能源可持续发展的决策和对策

（一）可持续发展的概念

1. 何为可持续发展

目前关于可持续发展的概念研究众多，但目前最具有影响力的定义来自《我们共同的未来》，报告中对可持续发展的定义被世界广泛接受。1987 年，世界环境和发展委员会发表了报告《我们共同的未来》，该报告以“可持续发展”为基本纲领，对人类未来将面临的重大发展问题提出了一系列建议，研究报告以环境和发展两个问题为一个整体进行分析，希望通过研究能找到解决人类社会当前各种环境问题的有效途径和方法，为人类的可持续发展做出贡献。报告中提出，尽管当前人类社会可以找到种种成功与希望的迹象，但是不可忽视的是，产生这

些进展的同时，地球和人类也面临着很多失败。总结起来首先是发展的失败，比如世界上挨饿的人口数量达到了人类历史的顶峰、贫富差距越来越大。其次是人类环境管理的失败，物种灭绝速度之快令人震惊，人类面临土壤沙化、全球气候变暖、工业污染水资源和大气严重污染等挑战。面对这些挑战，世界环境与发展委员会定义了"可持续发展"的概念。"可持续发展"是既可以满足当代人的需求，又不损害后代人满足其需求能力的那种发展。

《我们共同的未来》第一次提出了"可持续发展"的概念，是可持续发展思想进程中的一座里程碑。在《我们共同的未来》报告中，后代人的地位是毋庸置疑的，是可持续发展的奠基石。事实上，该定义给各代人都加上了道德的义务，要求每一代人都应该为子孙后代留下可用的自然资源储备。在《我们共同的未来》中多处提到可持续发展，例如："我们发现需要一条新的发展道路，人类的进步不仅在少数几个地方持续了几年，而且还包括整个星球进入遥远的未来。因此，可持续发展不仅是发展中国家的目标，也是工业国家的目标。"可持续发展是在不损害后代满足他们的能力的情况下呈现自己需要发展。即使是物理可持续性的狭隘概念也意味着关注几代人之间的社会公平，这是一个在逻辑上必须扩展的问题，需要在每一代人中保持公平。世界各地的每一个生态系统都无法完好无损地保存下来，动植物物种的灭绝可以极大地限制后代的选择，因此可持续发展需要植物和动物物种的保护。

2. 弱可持续发展与强可持续发展

目前对可持续发展的研究，其内部形成了两种不同的研究范式：强可持续发展和弱可持续发展。强可持续发展强调的是社会、经济和环境都得到相应的发展，而弱可持续发展更注重发展，即在发展的过程中可以适当减轻对环境和生态的保护要求，优先进行发展。强可持续发展中对应了强可持续性，在强可持续性观念中，它要求至少必须保持住紧缺资本，同时要推动经济增长，经济增长和紧缺资本之间存在着平衡。没有充足的能源利用，增长不可能发生，甚至就连目前水平的经济活动也难以为继。强可持续性对生存和福利是根本性的，即自然资本是不可替代的。更多的学者倾向于强可持续性，强可持续性和弱可持续性的提出涉及的是人造资本与自然资本之间是否能替代的问题，有些人认为人力资本或者人类创造的实用性技术知识都是良性的。但人类的知识和力量，也常常被用于破坏人类的福利，遍及人类历史，破坏性战争使用的都是当时最好的技术。弱可持续发展更加强调弱可持续性，即一种形式的资本耗尽后，意味着需要使其他资本增加。

即自然资本是可替代的。强可持续发展和弱可持续发展最根本的分歧点就在于自然资源是否可以得到替代。可持续发展的分类如图 6-1 所示。

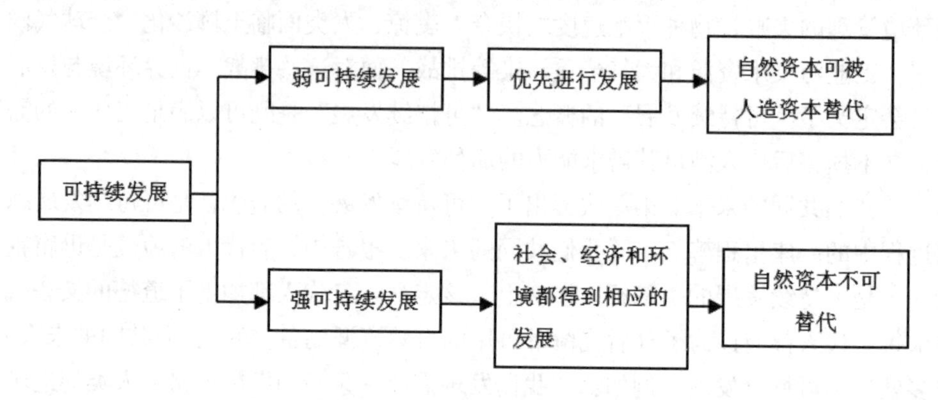

图 6-1　可持续发展的分类

关于经济和社会的发展是否应以牺牲环境为代价，即环境资源是否可以被替代的问题，在以往的研究中多位经济学者都表达了观点。强可持续发展的观点认为，可持续发展是一种社会结构性经济转型，当前人类可获得的经济和社会效益，不会危及未来人类获得类似收益的可能性。可持续发展的一个主要目标是实现合理和可以持续的经济福利的公平分配，并且这个水平要持续到许多代人。

可持续发展意味着一种不会消除或降低或以其他方式削弱子孙后代的权益的发展方式，可持续发展还意味着要以足够慢的速度消耗不可再生能源，以确保社会有序地、高效率地向可再生能源的社会进行转型。

弱可持续发展的观点认为，可持续增长是指经济增长能够支撑到可预见的未来社会环境。一个理想的可持续社会将是一个所有能源都来自太阳能收入，所有不可再生资源都将被回收利用。原则上，最优的可持续增长政策将寻求保持人均实际收入的稳定。因此，谈论不可再生能源的可持续利用是没有意义的，任何生产最终都会导致有限的耗尽，在这种可持续发展模式下保护自然资源成为定义标准的唯一依据。

可持续发展的研究是围绕着社会、经济和环境而进行讨论的，关于可持续发展的概念定义目前在学界并没有统一答案，可以肯定的是在时间上，可持续发展要求的是永续发展，即要求未来的发展至少要保持现状，这其中涉及“代际公平”问题。而在环境方面它要求处理好两个问题，一是资源可得性（资源稀缺性），二是环境污染问题。

（二）地热能源可持续发展的决策

21世纪，每个国家都在大规模开展以可持续发展为主题的研究工作，各项研究工作进行得如火如荼，地热能源作为一种新型的可再生能源，更要体现可持续发展思想。地热能源可持续发展的决策是很重要的。

1. 地热能源可持续发展的影响因素

第一，温度的影响。地热能源的温度不一样，用途也不一样，产生的效益也是不一样的。

第二，流量的影响。热储的性能和热水补充条件的好坏在长期可采的地热流体流量中可以反映出来。

第三，井深的影响。钻井的深度决定对钻井进行多少投资，对地热能源工程开发利用项目的经济性影响很大。

第四，水质的影响。水质的好坏对地热能源工程开发利用项目的影响很大，不同的水质会产生不同的腐蚀和环境效应，利用效益也有所不同，所以水质也会影响地热能源工程开发利用项目的经济性，甚至会影响地热能源工程开发利用项目的立项。

第五，环境的影响。地热能源工程开发利用项目建设区的气候条件、冷水条件、交通条件、能源供应条件、电力供应条件乃至当地居民的文化水平等都会影响地热能源工程开发利用的决策。

2. 地热能源可持续发展决策时的考虑因素

地热能源的可持续发展受多种因素的影响，决策时要考虑多方面的因素。

第一，保护地热能源。对地热能源的开采是有限量的，当今有很多地热能源的开采，勘探工作做得不够、热储研究得不充分、对地热能源缺乏评价的情况下就对地热能源大规模开采和利用，这样不注重保护地热能源，势必会造成过量开采的情况，危及地热能源的可持续发展。

第二，在地热能源的开发利用中要注重环境保护。地热废水中含有不同成分的有害物质，这些有害物质会对周围环境造成不同程度的污染。地热能源过度开采也会造成地面下降，导致建筑物的基础受到损害。有些地热流体中含有大量有害气体，如硫化氢，会对大气造成严重污染，有的企业和个人只注重经济效益，不顾环境情况，这是不可取的。企业和个人要采取一定的措施解决地热能源工程的环境污染问题，这样才能更好地促进地热能源工程的可持续发展。

第三，促进技术的进步是地热能源可持续发展的条件之一。我国地热能源开发利用已经取得了一定的成绩，但是距离先进国家仍有一定差距，主要表现在地热能源的利用率低，地热设备的寿命也比较短，地热能源的热储研究不足，环境保护较差，所以，只有发展技术才能促进我国地热能源的可持续发展。

第四，管理的科学化是地热能源可持续发展过程中的必要准备。我国地热能源的开发利用中存在的一个问题就是管理缺乏科学性，不论是地热能源的开发、地热能源的审批、地热能源的可行性论证，还是地热能源的动态监测、地热能源的环境保护等，都需要科学化的管理，只有科学化的管理才能保证地热能源的可持续发展。

第五，规范的立法也是地热能源开发利用走可持续发展之路的重要保证。对地热能源的科学管理要有法可依，地热能源工程开发利用项目的设计要有相应的规范可循，地热能源工程开发利用项目也要有相应的补贴政策。我国已经有了地质能源的地质勘查规范，一部分城市已经有了地热管理条例，但是部分地区的政策和法规还不是很健全，这是造成我国地热能源发展不均衡、技术水平较低、管理比较混乱的主要原因。

3. 地热能源可持续发展的检验指标

地热能源的开发利用是否符合可持续发展的要求，可以通过下面七个指标检验，即地热能源是不是得到保护，开采是不是合理，环境是不是得到保护，地热能源利用率是不是高，设备使用寿命是不是较长，管理是不是到位，经济性是不是良好。

（三）地热能源可持续发展的对策

可持续发展战略适用于国家和地区的发展，也适用于行业的发展，地热能源行业也不例外。

1. 加强地热能源勘查评价工作

在地热能源的勘查、开发和利用过程中要加强地热能源的勘查评价工作，各级政府要加大对地热能源勘查评价的投入，包括人力投入和财政投入，各级政府还可以适当引入社会资本，以尽快摸清地热能源的家底。

加强地热能源的勘查评价工作，要在深刻总结我国地热能源禀赋特征的基础之上，加强对地热能源成因机理和分布规律的探究，运用新设备、新理论、新方法来进行勘查评价活动，提高勘查评价工作的效率。

地热能源的勘查开发数据要统一归档，建立地热能源大数据库，大数据库以政府部门为主导，再结合地热能源的现状和禀赋特征，可以为政府分配地热能源提供合理的依据，有利于政府制定地热能源勘查开发的中长期目标。

2. 提升科技创新能力

在地热能源勘查、开发和利用的过程中，要提升科技创新能力，科技创新能力可以推动地热能源产业的现代化发展。政府应加大科研资金的投入力度，制定一定的激励政策，激发地热企业对科技研发的热情。政府可以加强 5G 等现代化技术在地热能源开发利用中的应用，建立大数据平台，利用人工智能、大数据等技术，提升科技创新能力。

3. 地热能源开发利用与环境保护并举

地热能源的开发利用要和环境保护同时进行，政府应培育一批绿色地热企业，大力推广绿色理念，并对达到绿色标准的企业给予一定的奖励，加快地热产业向环境友好型产业发展，绿色理念应当贯穿地热能源开发利用的全过程，杜绝资源浪费，将对环境的影响降到最小。

4. 明确管理职能，引导产业可持续发展

在地热能源开发利用的过程中，要明确各个部门的管理职能，如果管理职能不明确就会影响地热产业的发展，政府可以建立地热能源协会，协会主要负责汇集和整理地热企业的产能信息，为政府制定地热能源政策提供依据，在明确管理职能的基础上，加强政府、协会、企业的联系，引导地热产业可持续发展。

六、完善地热发电的政策框架

地热发电技术范式表明地热发电行业会日渐成熟，其发展是合理的、规范的，因此为推进我国地热发电行业的快速发展，早日实现我国进入地热发电千兆瓦国家行列，必须遵循行业发展的内在规律，不能盲目开发。结合我国的实际情况，因地制宜，制定合理的发展规划是推动我国地热发电高质量发展的关键，发展规划的落地需要有清晰明确的目标导向。在促进我国地热发电行业完善的前期阶段，政府部门起着非常重要的引导作用，必须认清自己的角色，承担制定相关政策的责任，坚持“政府搭台、社会资本唱戏”的原则，深入推行“民办官助”的模式。简而言之，政府应该积极参与地热发电行业的发展，提高适度且及时的支持，推动地热发电行业逐渐完善具备竞争力。本节针对政府部门在地热发电行业中的职责，提出了一个政策发展框架。我国为促进地热发电市场的进步，除了详细掌握地热资源分布情况外，当务之急是促进关键技术——双工质循环发电技术的发展，使该技术早日在我国进行大规模商业应用，为此，制定一套完善的发电技术引导政策变得格外重要。

（一）规范管理

一套完善的地热能源工程开发利用政策法规应该包含地热资源勘探、开发利用规划、地热资源补偿费征收与管理、市场供应价格、环境保护措施等方面内容。当前应积极开展的工作有以下 4 点。

①制定全国统一的勘查规范和标准，各个省份相关部门按照标准可自主进行勘察。目标装机容量高的地区应进行详细的勘查工作，得到重点开发区域。中国大地地热热流数据库于 1988 年建立，经历了 4 次汇编，2020 年上线应用，发表了 1230 个大地热流数据，但美国却是中国的 13 倍以上。

②制定全国统一的地热资源开采规范，并由一个部门统一管理，避免因资源管理混乱而造成过度开发，破坏地下水结构。

③完善地热能开发项目的审批制度，各地方政府可根据当地情况自行制定。制度条例中突出监测管理。

④完善信息数据库。各省份的地热分布图，地热钻井数据资料，地热发电厂技术、设备等上传到数据库中，可供研究人员、企业人士下载使用。公开透明的数据资料可以促进地热技术的发展。

另外，地热能源工程开发利用过程中出现的环境问题不能忽视，特别是在当今社会背景下，政府部门制定相关环境保护制度可以有效地预防环境破坏。首先，在开发利用的前期、中期、后期建立完善的监测制度，预防过度获取地热水、热污染、大气污染等。对于地热尾水带来的环境问题，可通过加强地热尾水回灌以及尾水净化来解决。

（二）财政激励

资金支持为地热发电技术利用提供了直接保障。美国、冰岛和土耳其通过财政补贴和财政支持，促进了地热产业的快速发展。地热蕴藏量和发电量都是全球第一的美国即使不是世界上第一个利用地热发电的国家，但自从加利福尼亚州盖瑟斯地区的地热发电厂开始投入运营起，美国就一跃成为世界上地热发电行业的佼佼者。

目前，地热能源工程开发利用程度最高、经验最丰富的冰岛，虽然地处世界上地壳运动最活跃的地带，但地热发电工作一直都稳步向前。目前，冰岛一次能源中可再生能源占 81%，地热能源的贡献率占 66%。相较其他非水可再生能源，地热能源项目初期投资大，投资回报周期较长，因此在一定程度上制约了地热能源的开发利用。我国地热发电行业处于初级阶段，装机容量小，市场前景不容乐观。为使地热发电行业具有良好的发展环境和竞争力，我国可以借鉴国际经验，制定财政激励机制，加大对地热发电市场的资本投资。

（三）税收优惠

除了相应的财政支持外，税收激励也能在一定程度上刺激地热发电技术的发展。《中华人民共和国可再生能源法》中规定，国家对列入可再生能源产业发展指导目录的项目给予税收优惠。税收的优惠大大降低了企业的开发压力。对于地热发电也可以效仿该办法，因此可从以下 4 方面实施。

①电力购买协议。鼓励电网企业与双工质循环地热发电厂合作，解决地热发电厂生产的电力的销售问题，可对企业给予相应的税收减免奖励。

②制定双工质循环发电系统中关键设备和资源利用的税收优惠政策。相较于国际发展水平，我国的发电技术还比较落后，政府应该鼓励企业、研究实验室购买国际先进的设备，适当减免设备的关税和增值税。

③ 2020 年 9 月 1 日施行的《中华人民共和国资源税法》中，明确将地热资源列为能源矿产，收取地热资源税，近 20 个地方政府也公布当地地热资源税适用税率，为促进我国中低温地热资源的发电利用，对使用双工质循环发电技术的地热资源降低税率。

④设置限制性税收。为了降低一次性能源的消耗，改变电力结构，更多地让可再生能源发电去满足电力市场的需求，可设置生态税、二氧化碳排放税等限制性税收政策。德国和丹麦政府在设置限制性税收方面取得了较好的效果。德国政府实施生态税收政策，对化石燃料产生的电力的消费端征税，主要是为了减少温室气体排放和补贴可再生能源的商业发展。丹麦政府对化石燃料的消费端征收二氧化碳排放税，并对风力发电和生物质发电的使用提供一系列税收支持。

参 考 文 献

[1] 文冬光，杨齐青，孙晓明，等. 中国地热资源管理信息系统［M］. 北京：地质出版社，2010.

[2] 冯俊小，李君慧. 能源与环境［M］. 北京：冶金工业出版社，2011.

[3] 张毅，郭东明. 中国深部煤矿地热资源评价及利用分析［M］. 北京：冶金工业出版社，2012.

[4] 胡郁乐，张惠，张秋冬等. 深部地热钻井与成井技术［M］. 武汉：中国地质大学出版社有限责任公司，2013.

[5] 郑克棪，多吉，田延山，等. 中国高温地热勘查开发［M］. 北京：地质出版社，2013.

[6] 赵苏民，孙宝成，林黎，等. 沉积盆地型地热田勘查开发与利用［M］. 北京：地质出版社，2013.

[7] 张永亮，蔡嗣经. 矿井大气环境治理及地热资源的开发利用［M］. 北京：冶金工业出版社，2015.

[8] 吴烨，卢予北，李义连等. 浅层地热能开发的地质环境问题及关键技术研究［M］. 武汉：中国地质大学出版社，2015.

[9] 李海涛，李金永，张桂迎，等. 华北油田潜山地热资源研究与综合开发利用［M］. 北京：石油工业出版社，2016.

[10] 穆根胥，李锋，闫文中，等. 关中盆地地热资源赋存规律及开发利用关键技术［M］. 北京：地质出版社，2016.

[11] 郭明晶，成金华，丁洁，等. 中国地热资源开发利用的技术、经济与环境评价［M］. 武汉：中国地质大学出版社，2016.

[12] 多吉，王贵玲，郑克棪. 中国地热资源开发利用战略研究［M］. 北京：科学出版社，2017.

[13] 于玲，孙宝芸，张筱薇. 北方地区就地热再生技术适应性及后评估研究［M］. 郑州：黄河水利出版社，2018.

［14］苏福永，赵志南．能源工程管理与评估［M］．北京：冶金工业出版社，2019．
［15］窦斌，田红，郑君．地热工程学［M］．武汉：中国地质大学出版社，2020．
［16］齐俊启，王卫民，李学文，等．河北沧县台拱带深部岩溶地热系统成因机制及开发利用［M］．北京：北京理工大学出版社，2020．
［17］赵阳升，万志军，张渊，等．岩石热破裂与渗透性相关规律的试验研究［J］．岩石力学与工程学报，2010，29（10）：1970-1976．
［18］王晓星，吴能友，苏正，等．增强型地热系统数值模拟研究进展［J］．可再生能源，2012，30（9）：90-94．
［19］陈继良，罗良，蒋方明．热储周围岩石热补偿对增强型地热系统采热过程的影响［J］．计算物理，2013，30（6）：862-870．
［20］谭现锋，王浩，康凤新．利津陈庄干热岩 GRY1 孔压裂试验研究［J］．探矿工程（岩土钻掘工程），2016，43（10）：230-233．
［21］胡剑，苏正，吴能友，等．增强型地热系统热流耦合水岩温度场分析［J］．地球物理学进展，2014，29（3）：1391-1398．
［22］岳高凡，邓晓飞，邢林啸，等．共和盆地增强型地热系统开采过程数值模拟［J］．科技导报，2015，33（19）：62-67．
［23］孙致学，徐轶，吕抒桓，等．增强型地热系统热流固耦合模型及数值模拟［J］．中国石油大学学报（自然科学版），2016，40（6）：109-117．
［24］周长冰，万志军，张源，等．高温条件下花岗岩水压致裂的实验研究［J］．中国矿业，2017，26（7）：135-141．
［25］翟海珍，苏正，凌璐璐，等．基于平行多裂隙模型美国沙漠峰地热田 EGS 开发数值模拟研究［J］．地球物理学进展，2017，32（2）：546-552．
［26］曲占庆，张伟，郭天魁，等．基于局部热非平衡的含裂缝网络干热岩采热性能模拟［J］．中国石油大学学报（自然科学版），2019，43（1）：90-98．
［27］张林，姚军，樊冬艳．基于树状分叉网络的增强型地热系统采热计算分析［J］．可再生能源，2019，37（2）：281-288．
［28］王思维．地热资源的地理分布与勘探［J］．内江科技，2021，42（9）：20．
［29］秦福锋，许丙彩，冯英明，等．日照东部地区地热资源成因分布规律及勘查定井方法研究［J］．山东国土资源，2021，37（9）：36-45．

[30] 赵金凤 . 试析物探在地热资源勘查中的应用效果 [J]. 中国石油和化工标准与质量，2021，41（14）：133-134.

[31] 董卿卿 . 当前地热资源勘查开发现状及优化建议 [J]. 工程与建设，2021，35（3）：536-537.

[32] 李德，郭妙连 . 中国地热资源现状与未来发展趋势 [J]. 化工设计通讯，2021，47（5）：149-150.

[33] 章新荣，徐成华，顾问，等 . 浅析瞬变电磁测深法在地热资源勘查中的应用 [J]. 山西建筑，2021，47（10）：81-82.

[34] 浦海，卞正富，张吉雄，等 . 一种废弃矿井地热资源再利用系统研究 [J]. 煤炭学报，2021，46（2）：677-687.

[35] 李红岩 . 新时期我国地热资源开发利用机遇和问题分析 [J]. 内蒙古煤炭经济，2021（2）：111-112.

[36] 杨程博 . 地热资源的开发利用及存在问题 [J]. 化工设计通讯，2020，46（12）：181-182.

[37] 黄国勇，王中华，陈秋月 . 利用油井开采技术开发地热资源的应用探讨 [J]. 环境保护与循环经济，2020，40（11）：9-10.

[38] 郭亮亮 . 增强型地热系统水力压裂和储层损伤演化的试验及模型研究 [D]. 长春：吉林大学，2016.

[39] 李正伟 . 干热岩裂隙渗流 - 传热试验及储层模拟评价研究 [D]. 长春：吉林大学，2016.